Souad TAYANE

Química Orgânica e Desenvolvimento Industrial

Souad TAYANE

Química Orgânica e Desenvolvimento Industrial

Materiais, processos e questões

ScienciaScripts

Imprint
Any brand names and product names mentioned in this book are subject to trademark, brand or patent protection and are trademarks or registered trademarks of their respective holders. The use of brand names, product names, common names, trade names, product descriptions etc. even without a particular marking in this work is in no way to be construed to mean that such names may be regarded as unrestricted in respect of trademark and brand protection legislation and could thus be used by anyone.

Cover image: www.ingimage.com

This book is a translation from the original published under ISBN 978-620-2-26552-2.

Publisher:
Sciencia Scripts
is a trademark of
Dodo Books Indian Ocean Ltd. and OmniScriptum S.R.L publishing group

120 High Road, East Finchley, London, N2 9ED, United Kingdom
Str. Armeneasca 28/1, office 1, Chisinau MD-2012, Republic of Moldova, Europe
Managing Directors: Ieva Konstantinova, Victoria Ursu
info@omniscriptum.com

Printed at: see last page
ISBN: 978-620-8-40593-9

Índice

Capítulo III: Processos de transformação em química

Capítulo IV: Aplicações e produtos da indústria química

Capítulo V: Perspectivas e inovações na indústria química

Prefácio

A química orgânica industrial ocupa um lugar importante na sociedade moderna, fornecendo materiais e produtos essenciais para uma vasta gama de sectores, desde a agricultura e a medicina até à indústria automóvel e às tecnologias avançadas. Este livro tem como objetivo fornecer uma visão abrangente e actualizada desta disciplina em constante evolução.

Ao longo dos anos, os processos e as matérias-primas utilizados na indústria química têm sido continuamente transformados para satisfazer as necessidades em constante mudança da sociedade e as crescentes preocupações com a sustentabilidade. Atualmente, a indústria enfrenta desafios sem precedentes: não só tem de manter elevados níveis de produção, como também tem de integrar práticas respeitadoras do ambiente e desenvolver tecnologias que minimizem o impacto ecológico. Os avanços na química verde, a economia circular e a inovação tecnológica estão a redefinir os métodos tradicionais, abrindo caminho para uma indústria química mais sustentável e ética.

Este livro destina-se a estudantes, investigadores, profissionais e entusiastas da química que pretendam aprofundar os seus conhecimentos sobre a química orgânica industrial, explorar os seus fundamentos e descobrir as suas inovações. Através de explicações claras e exemplos concretos, pretende fornecer uma ferramenta valiosa para compreender como esta indústria está a evoluir e a responder às necessidades da sociedade moderna.

Introdução geral

A indústria química orgânica está no centro da economia global e afecta quase todos os aspectos da nossa vida quotidiana. Dos plásticos aos medicamentos, dos produtos de limpeza aos têxteis, a química orgânica industrial molda o nosso ambiente e oferece soluções para os desafios tecnológicos, económicos e ambientais. O que a distingue é a sua capacidade de transformar recursos naturais como o petróleo, o gás natural e mesmo a biomassa numa multiplicidade de produtos acabados, cada um com uma variedade de aplicações.

Este livro começa por explorar o contexto histórico da indústria química, fornecendo uma visão geral da sua evolução desde as suas origens até à sua integração na economia globalizada dos nossos dias. As matérias-primas, quer sejam fósseis ou renováveis, são examinadas em profundidade, uma vez que constituem a base desta indústria e determinam em grande medida os processos e produtos que dela derivam. Cada matéria-prima requer técnicas de transformação específicas, seja através de processos de steam cracking, polimerização ou reforma, para produzir produtos acabados adaptados às necessidades dos diferentes sectores.

A indústria atual está a enfrentar exigências crescentes de sustentabilidade. As preocupações ambientais estão a levar as empresas a incorporar práticas ecológicas, como a redução das emissões de CO_2, a reciclagem de produtos químicos e a utilização de matérias-primas renováveis. Ao mesmo tempo, o advento da química verde e da nanotecnologia está a redefinir os limites do que é possível, permitindo a criação de materiais mais eficientes, menos poluentes e, por vezes, até inteligentes.

Por último, o desenvolvimento da inteligência artificial e das tecnologias de simulação molecular oferece novas oportunidades de inovação. Estas ferramentas digitais permitem não só otimizar os processos de produção, mas também conceber materiais com propriedades inovadoras, abrindo caminho a aplicações que seriam inimagináveis há apenas algumas décadas.

Ao reunir todas estas facetas, este livro pretende fornecer uma visão geral da química orgânica industrial e das suas questões actuais. Através dos seus capítulos, o leitor é convidado a compreender não só os processos e as aplicações desta indústria, mas também os desafios e as transformações que a moldam atualmente. Esta viagem, simultaneamente técnica e prospetiva, abre uma janela para o futuro da química orgânica, em conformidade com as exigências de uma sociedade em busca de um progresso sustentável.

Capítulo I: Antecedentes e evolução da indústria de produtos químicos orgânicos

Este capítulo analisa o desenvolvimento histórico da indústria química orgânica, desde as primeiras descobertas até à sua expansão mundial. Examina os principais países produtores e os principais intervenientes na indústria, bem como as tendências actuais, como a globalização e a inovação tecnológica, que estão a transformar o sector. Ao localizar as raízes e os desenvolvimentos da indústria, este capítulo fornece uma visão geral essencial para compreender a sua importância económica e tecnológica.

I. Evolução histórica e contexto atual

I.1 Origens da indústria química orgânica

1As raízes da indústria química orgânica remontam ao século XIX, com a descoberta revolucionária de Friedrich Wöhler, que sintetizou a ureia em laboratório, marcando o nascimento da química orgânica de síntese ( ). 2A produção industrial de corantes à base de alcatrão de hulha, como a anilina malva, por William Henry Perkin, abriu caminho para as aplicações industriais da química orgânica ( ). A rápida industrialização dos processos químicos conduziu então ao aparecimento de produtos emblemáticos como o ácido acético, os álcoois e o fenol. O século XX assistiu a uma segunda vaga de desenvolvimento com o aparecimento dos polímeros (como o nylon e o polietileno) e dos produtos farmacêuticos, que transformaram profundamente a vida quotidiana.

I.2 Principais países produtores e agentes industriais

A nível mundial, o sector dos produtos químicos orgânicos é dominado por países industrializados como os EUA, a Alemanha, a China e o Japão. 3Os EUA e a Alemanha, por exemplo, têm uma longa história de inovação química apoiada por empresas como a **BASF**, a **Bayer** e **a Dow Chemical** ( ). 4A China tornou-se um líder mundial, utilizando a sua base de fabrico para se tornar um centro de produção ( ). Dotados de infra-estruturas industriais sofisticadas, de capacidades de investigação avançadas e de uma regulamentação favorável, estes países constituem pólos de inovação que asseguram a produção contínua de novas moléculas e materiais.

I.3 Tendências de mudança no contexto da globalização

A globalização alterou profundamente a dinâmica da produção na indústria química. 6As instalações de produção estão a deslocar-se para regiões de custos mais baixos, como o Sudeste Asiático, permitindo economias de escala e satisfazendo simultaneamente a crescente procura mundial ( ). No entanto, a pressão para uma produção mais sustentável está a impulsionar o investimento na química verde e na economia circular, especialmente na Europa e na América do Norte, onde a regulamentação é mais rigorosa. As tecnologias avançadas, como a inteligência artificial e a biotecnologia, estão a transformar os processos de investigação e produção, incentivando métodos mais ecológicos e uma utilização optimizada dos recursos.

II. Importância económica da indústria química orgânica

II.1 Contribuição para o PIB nos principais países produtores

Nas grandes economias, a indústria química representa uma parte importante do PIB. 6Na Alemanha, contribui com cerca de 5% do PIB, empregando mais de 450 000 pessoas ( ). Nos Estados Unidos, a indústria química gera um excedente comercial significativo e é um dos maiores sectores de exportação. Na China, a indústria apoia a rápida industrialização e contribui para a exportação de produtos acabados, reforçando a posição do país como um centro de produção mundial. O sector é também uma importante fonte de receitas para as infra-estruturas nacionais, os programas de desenvolvimento e o financiamento da investigação.

II.2 Papel na cadeia de abastecimento global

A indústria de produtos químicos orgânicos ocupa um lugar central na cadeia de abastecimento global. Produz matérias-primas para uma vasta gama de indústrias, desde a agricultura (pesticidas, fertilizantes) à farmacêutica (API - ingredientes farmacêuticos activos), bens de consumo (plásticos, têxteis) e automóvel (adesivos, revestimentos). Por exemplo, os hidrocarbonetos aromáticos, como o benzeno e o tolueno, são matérias-primas essenciais para o fabrico de plásticos, resinas e detergentes. A indústria química orgânica actua como um multiplicador, apoiando outros sectores industriais.

II.3. Dados económicos globais

7Os números fornecidos por organismos como o ICCA e o CEFIC mostram que a indústria química mundial gera vendas anuais de 5 700 mil milhões de dólares, criando emprego direto e indireto para milhões de trabalhadores ( ). Nas economias desenvolvidas, como os Estados Unidos, gera um excedente comercial anual de cerca de 28 mil milhões de dólares, enquanto na Europa é um motor de inovação tecnológica, investindo em projectos de investigação como o REACH para normas de segurança e sustentabilidade. Na Ásia, o rápido crescimento da China e da Índia está a contribuir para aumentar a competitividade e a eficiência da produção química mundial.

III. Estrutura e organização do sector

III.1 Definição dos principais subsectores

III.1.1. Química de base

Este subsector abrange a produção de compostos orgânicos simples, como o etileno, o metanol e o amoníaco, que são utilizados como blocos de construção para muitos outros produtos químicos e materiais. Os produtos químicos de base dependem de grandes complexos industriais e têm por objetivo realizar economias de escala significativas para produzir a baixo custo.

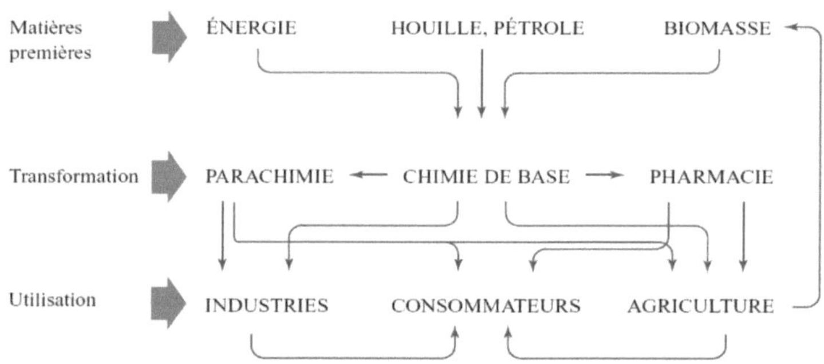

Figura 1: Atividade industrial e económica na indústria química.

Entre as fontes naturais de matérias-primas e as suas utilizações, a atividade industrial propriamente dita ocupa uma posição intermédia. A "química de base" desenvolve compostos que não existem na natureza mas que não têm aplicações diretas, a partir dos quais a paraquímica e a farmácia preparam produtos que são comercializados junto dos utilizadores finais.

III.1.2. Química fina

Produzindo moléculas complexas e muitas vezes personalizadas, a química fina inclui produtos intermédios para aplicações específicas, como os produtos farmacêuticos e agroquímicos. Este subsector caracteriza-se por processos de fabrico sofisticados, um controlo de qualidade rigoroso e elevados níveis de pureza.

III.1.3. Paraquímica

Esta área abrange produtos de consumo quotidiano, como detergentes, cosméticos, tintas e vernizes. O sector é influenciado pela procura dos consumidores e deve adaptar-se às normas de segurança e de sustentabilidade. é um sector particularmente dinâmico, em constante inovação para responder às novas expectativas em termos de saúde e de respeito pelo ambiente.

III.1.4. Farmácia

Este sector dedica-se à produção de medicamentos e de produtos de saúde, muitas vezes em colaboração com o sector da química fina para as substâncias activas. Os produtos farmacêuticos são altamente regulamentados, exigindo normas particularmente rigorosas de segurança e eficácia, com padrões de produção que garantem a qualidade dos tratamentos médicos.

III.2 Interligações entre estes subsectores

A interligação entre estes subsectores é essencial para a sinergia industrial. Por exemplo, os produtos químicos de base fornecem elementos como o propileno, que é depois utilizado em produtos de química fina para criar produtos intermédios de elevada pureza necessários em produtos farmacêuticos ou paraquímicos. 8Os avanços num subsector, como as inovações na química fina, influenciam os produtos desenvolvidos noutros subsectores, contribuindo para cadeias de valor complexas que promovem a flexibilidade e a resiliência da indústria química ( ).

IV. Desafios e oportunidades para a indústria de produtos químicos orgânicos

IV.1 Desafios ambientais e regulamentares

O sector dos produtos químicos orgânicos está a enfrentar grandes desafios relacionados com a regulamentação ambiental e os requisitos de sustentabilidade. A regulamentação, particularmente na Europa com o regulamento REACH (Registo, Avaliação, Autorização e Restrição de Produtos Químicos), exige que as empresas minimizem os riscos para a saúde e o ambiente. Estas restrições estão a incentivar as empresas a desenvolver processos menos poluentes e produtos mais amigos do ambiente, mas exigem investimentos significativos.

IV.2 Inovação tecnológica e transformação digital

A transformação digital está a redefinir os métodos de produção e gestão na indústria de produtos químicos orgânicos. A integração da inteligência artificial, dos sensores conectados e das plataformas de Big Data está a otimizar os processos, a reduzir os custos e a melhorar o controlo da qualidade. Além disso, as biotecnologias, como a biologia sintética e a catálise enzimática, estão a permitir a criação de produtos inovadores, reduzindo simultaneamente a pegada ecológica, abrindo possibilidades para a química verde e os bioplásticos.

IV.3. Perspectivas de crescimento e novos mercados

As perspectivas de crescimento são fortes em sectores ligados à química verde, como a produção de materiais biodegradáveis, biocombustíveis e plásticos de base biológica. Novas regiões emergentes, como a África e a América Latina, oferecem mercados em expansão para produtos químicos, bem como oportunidades de colaboração internacional e desenvolvimento sustentável.

Referências

1. Brock, W. H. (1993). *The Fontana History of Chemistry*. Fontana Press.
2. Travis, A. S. (1993). *The Rainbow Makers: The Origins of the Synthetic Dyestuffs Industry in Western Europe (Os Fabricantes de Arco-Íris: As Origens da Indústria de Corantes Sintéticos na Europa Ocidental*). Lehigh University Press.
3. Spitz, P. H. (2003). *Petrochemicals: The Rise of an Industry*. Wiley.
4. Ziegler, R. (2001). *A história da BASF na China*. Imprensa da BASF.
5. OCDE (2018). *The Future of Petrochemicals*. Publicação da OCDE.
6. Verband der Chemischen Industrie (2019). *A indústria química na Alemanha*.
7. CEFIC (2021). *Factos e números da indústria química europeia*.
8. Matar, S., & Hatch, L. F. (2000). *Chemicals: Essential Chemicals for Industrial Processes*. Gulf Professional Publishing.

Capítulo II: Matérias-primas e fontes para a química

Este capítulo explora as fontes de matérias-primas para a química orgânica, incluindo o petróleo, o gás natural, o carvão e a biomassa. Cada secção descreve em pormenor os processos de extração e transformação destes recursos, bem como as suas utilizações específicas na indústria. O capítulo destaca o surgimento de matérias-primas renováveis num contexto de desenvolvimento sustentável, comparando as suas vantagens, desvantagens e perspectivas futuras.

I. Petróleo e gás natural

1O petróleo foi inicialmente utilizado como combustível para iluminação, e as primeiras tentativas de refinação visavam melhorar esta aplicação, uma vez que o petróleo bruto arde mal (produção de "parafina" ou óleo de iluminação, 1850) ( ). 2Surge depois como fonte de energia térmica e mecânica (primeiro para o aquecimento de caldeiras a vapor, depois para os motores de combustão interna), e é em 1940 que o petróleo começa a ser explorado sistematicamente como fonte de matérias-primas orgânicas, constituindo o domínio da petroquímica ( ). A produção mundial de petróleo bruto aumentou rapidamente, apoiada por aumentos em países como os Estados Unidos, o Brasil e o Irão, apesar dos cortes de produção da OPEP (3). Ao mesmo tempo, a produção de petróleo bruto registou um crescimento extremamente rápido:

Quadro 1: Produção mundial anual de petróleo bruto

Ano	**1860**	**1900**	**1950**	**1976**	**1993**	**2001**	**2007**	**2015**	**2020**	**2023**
Produção (milhões de toneladas)	0,07	20	524	2 918	2 969	4 450	3 603	4 389	3 789	4 216

Em 2023, a produção registou um ligeiro aumento de 1% em relação ao ano anterior, para cerca de 4,216 milhões de toneladas. 3A produção global foi apoiada por aumentos em países como os Estados Unidos, o Brasil e o Irão, apesar dos cortes de produção da OPEP (Organização dos Países Exportadores de Petróleo) para estabilizar o mercado mundial ( ).

I.1 Composição do petróleo e do gás natural

O petróleo é uma mistura complexa de hidrocarbonetos que pode incluir alcanos, cicloalcanos, aromáticos e, em menor grau, heteroátomos como o enxofre, o azoto e o oxigénio. A sua composição varia consoante a sua origem geográfica: os óleos leves, por exemplo, contêm uma elevada proporção de hidrocarbonetos de baixo peso molecular, enquanto os óleos pesados são mais ricos em componentes de cadeia longa. 4Esta diversidade é importante para a indústria química, uma vez que cada tipo de óleo pode ser adaptado a utilizações específicas, em função das propriedades das fracções obtidas durante a refinação ( ).

O gás natural, por sua vez, é composto principalmente por metano (CH_4), que representa cerca de 70-90% do seu conteúdo, com proporções variáveis de etano, propano, butano e outros hidrocarbonetos leves. É frequentemente combinado com componentes não hidrocarbonetos, como o dióxido de carbono (CO_2), o sulfureto de hidrogénio (H_2S) e o dinitrogénio (N_2). 5Esta composição faz do gás natural uma matéria-prima valiosa não só para a produção de calor e energia, mas também para a síntese de compostos químicos como o hidrogénio, o amoníaco e o metanol ( ).

I.2 Processos de refinação do petróleo: destilação, craqueamento, reformação, craqueamento a vapor

O petróleo bruto é tratado por uma série de processos que o transformam em produtos e compostos mais leves que podem ser utilizados numa variedade de aplicações. Estes processos incluem :

I.2.1. Destilação

A destilação atmosférica é a primeira etapa da refinação, em que o petróleo é aquecido para separar os seus componentes em função do seu ponto de ebulição. As fracções obtidas são os gases, as gasolinas, as naftas, as parafinas, os gasóleos e os resíduos pesados. 6Esta operação é fundamental, pois permite isolar os componentes básicos para posterior transformação ( ).

I.2.2. Fracturação

No cracking catalítico, os hidrocarbonetos pesados são decompostos em moléculas mais pequenas e mais leves, frequentemente na presença de catalisadores como o zeólito. 7Este processo transforma as fracções pesadas, como os gasóleos, em gasolinas e alcenos leves (como o etileno e o propileno), essenciais para a produção de plásticos e de borracha sintética ( ).

I.2.3. Reforma

O reforming catalítico converte a nafta leve em aromáticos e hidrogénio, na presença de catalisadores como a platina. 8Os aromáticos, como o benzeno, o tolueno e o xileno, são precursores de numerosos produtos químicos industriais, enquanto o hidrogénio é utilizado em diversos processos industriais e na própria refinação ( ).

I.2.4. Fracturação por vapor

A operação de craqueamento a vapor afastou-se do sector dos combustíveis para se concentrar na produção de alcenos, tais como o etileno, o propileno, os butenos, o butadieno e o isopreno (ou 2-metilbuta-1,3-dieno) e, em menor medida, na produção de hidrocarbonetos aromáticos, tais como o benzeno, o tolueno e os xilenos. 9Estas moléculas, essenciais para a síntese posterior na indústria química, são obtidas em quantidades relativamente reduzidas durante o cracking catalítico, o que explica a importância crescente do cracking a vapor ( ).

Este processo envolve a exposição de hidrocarbonetos leves, como a nafta e o gasóleo, a temperaturas extremamente elevadas (cerca de 800°C) durante um período de tempo muito curto (uma fração de segundo). Estes hidrocarbonetos são primeiro vaporizados e misturados com vapor para promover a reação. Uma unidade típica de steam cracking pode processar mais de um milhão de toneladas de hidrocarbonetos por ano, com rendimentos anuais de cerca de 300 000 toneladas de etileno, 50 000 toneladas de butadieno e 90 000 toneladas de benzeno. Em França, a produção anual de etileno por este processo é de cerca de 3 000 000 de toneladas, o que sublinha o seu papel estratégico no fornecimento desta molécula fundamental para a indústria química.

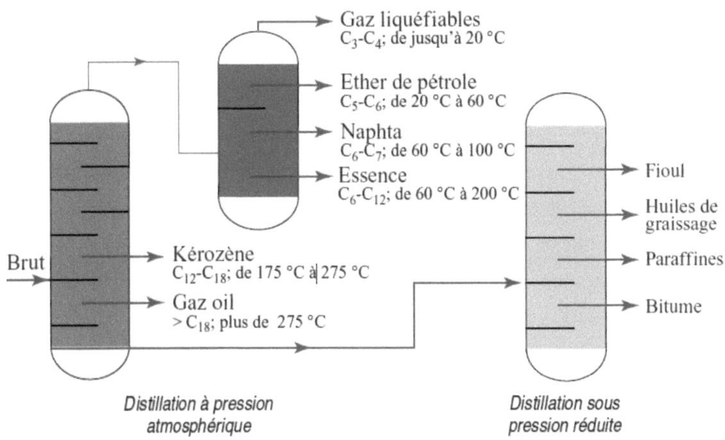

Figura 2: A destilação do petróleo bruto

Devido à gama de temperaturas muito ampla abrangida pelos pontos de ebulição dos constituintes do óleo (de 0°C a várias centenas de graus), não é possível efetuar todos os fraccionamentos necessários numa única operação. Após o "desbaste" numa primeira coluna, as fracções mais leves são separadas numa outra instalação. As fracções mais pesadas são redestiladas sob pressão reduzida: isto diminui o seu ponto de ebulição e evita a sua decomposição pelo calor.

3**Quadro 2**: Consumo de petróleo por continente em 2023, expresso em milhões de barris por dia ( )

Continente	**Consumo diário (milhões de barris)**
Ásia-Pacífico	38,2
América do Norte	23,8
Europa	10,5
América Latina	6,8
África	4,2

Médio Oriente	9,5

I.3 Importância dos hidrocarbonetos na indústria química

Os hidrocarbonetos derivados do petróleo e do gás natural são fundamentais para a produção de muitos materiais sintéticos e produtos químicos. O etileno e o propileno são matérias-primas de base para polímeros como o polietileno e o polipropileno, utilizados em aplicações que vão desde as embalagens aos têxteis. Os hidrocarbonetos aromáticos, obtidos por reformação, são precursores de solventes, resinas, detergentes e produtos farmacêuticos. 10Em suma, os hidrocarbonetos constituem a espinha dorsal da indústria química moderna e são essenciais para muitos sectores industriais ( ).

II. Carvão e produtos carboquímicos

Os hidrocarbonetos derivados do petróleo e do gás natural desempenham um papel central na indústria química, constituindo a base de muitos materiais sintéticos e produtos químicos essenciais. Entre os hidrocarbonetos alifáticos, o etileno e o propileno são particularmente importantes, uma vez que são as matérias-primas de base para a produção de polímeros como o polietileno e o polipropileno. Estes polímeros estão omnipresentes na nossa vida quotidiana: o polietileno, por exemplo, é utilizado em películas de embalagem, sacos de plástico, garrafas e recipientes para alimentos, enquanto o polipropileno é preferido para têxteis, fibras, componentes automóveis e dispositivos médicos devido à sua resistência mecânica e química (4).

Os hidrocarbonetos aromáticos desempenham um papel importante na química orgânica sintética. O benzeno, o tolueno e o xileno, obtidos principalmente por reformação catalítica, são precursores de uma vasta gama de produtos. O benzeno é utilizado no fabrico de solventes, resinas e produtos farmacêuticos. É também a matéria-prima para a síntese de numerosos compostos, como o fenol, utilizado no fabrico de resinas fenólicas, e a anilina, utilizada na produção de corantes e de borrachas sintéticas. O tolueno, por seu lado, é utilizado como solvente industrial e também como base para o fabrico de trinitrotolueno (TNT) e de diisocianatos, necessários para a produção de poliuretanos. O xileno, utilizado em colas e tintas, é também a matéria-prima do tereftalato de dimetilo, um precursor das fibras de poliéster.

Para além dos materiais sintéticos e dos solventes, os hidrocarbonetos são essenciais para a produção de detergentes e produtos de limpeza. Os alquilbenzenos, derivados do benzeno, são transformados em sulfonatos de alquilbenzeno lineares (LABS), que são os tensioactivos de muitos detergentes domésticos e industriais. Na indústria farmacêutica, os hidrocarbonetos aromáticos são utilizados como precursores de moléculas activas e excipientes, permitindo o desenvolvimento de medicamentos e produtos de saúde.

Em suma, os hidrocarbonetos constituem a espinha dorsal da indústria química moderna. Não são apenas matérias-primas para produtos plásticos, mas também compostos essenciais na produção de solventes, detergentes, medicamentos, têxteis e muitos outros bens industriais. A sua versatilidade e disponibilidade tornam-nos pilares essenciais para uma vasta gama de sectores industriais, desde o sector automóvel e alimentar até aos cuidados de saúde, construção e produtos de consumo.

II.1 Descrição do carvão e das suas propriedades

A hulha, um tipo de hulha betuminosa, é rica em carbono e contém vários compostos aromáticos complexos. É formada pela decomposição de matéria orgânica a alta pressão e temperatura, e caracteriza-se pela sua elevada densidade energética. A hulha é uma fonte valiosa de carbono, bem como de muitos outros compostos durante a sua destilação. As suas propriedades químicas tornam-na uma matéria-prima versátil para a produção de gás, produtos químicos aromáticos e coque, um material essencial para as indústrias metalúrgicas.

II.2 Destilação do carvão: gás de cidade, alcatrão, coque

A destilação da hulha a alta temperatura produz uma série de subprodutos úteis:

II.2.1. Gás da cidade

Composto principalmente por metano, hidrogénio e monóxido de carbono, é utilizado há décadas como fonte de aquecimento urbano e de iluminação pública.

II.2.2. Alcatrão

O alcatrão de carvão é uma fonte rica em compostos aromáticos como o benzeno, o tolueno e os xilenos. Estes compostos são os blocos de construção da química orgânica aromática e são utilizados para fabricar corantes, solventes e resinas.

II.2.3. Coque

O coque é um resíduo sólido rico em carbono utilizado como combustível em fornos metalúrgicos e como agente redutor na produção de ferro e aço. 6É também essencial noutros processos de tratamento de metais devido à sua elevada pureza em carbono ( ).

II.3. Aplicações dos subprodutos da destilação do carvão

Os subprodutos da destilação do carvão têm uma vasta gama de aplicações. O benzeno e o tolueno, por exemplo, são utilizados como matérias-primas no fabrico de plásticos, tintas, detergentes e medicamentos. O coque é utilizado na indústria siderúrgica para produzir aço e para várias aplicações de fundição, enquanto o gás de cidade, embora menos utilizado atualmente, tem desempenhado um papel fundamental na iluminação e no aquecimento durante décadas. A indústria carboquímica, que utiliza estes subprodutos, está na base de uma vasta gama de produtos industriais e continua a ser uma alternativa importante aos hidrocarbonetos do petróleo.

III. Biomassa e química verde

III.1 Fontes de biomassa: celulose, lenhina, óleos vegetais

A biomassa é uma matéria-prima renovável derivada de fontes vegetais e animais. Inclui compostos como a celulose, a lenhina e os óleos vegetais. **A celulose** é um polímero natural extraído das plantas e constitui a base dos bioplásticos e dos biocombustíveis. **A lenhina** é um componente da madeira utilizado no fabrico de adesivos e resinas. 7Por último, **os óleos vegetais** provenientes de plantas como a soja e a colza podem ser transformados em biodiesel e em plásticos de origem biológica ( ).

III.2 Técnicas de conversão: fermentação, pirólise

A biomassa é transformada em produtos químicos através de vários processos:

III.2.1. Fermentação

Utiliza microrganismos para converter açúcares em etanol, ácido lático ou biogás. Estes produtos são essenciais para as indústrias dos biocombustíveis e dos plásticos biodegradáveis.

III.2.2. PIRÓLISE Pirólise

A decomposição térmica da biomassa produz bio-óleos, biochar e gases. Estes produtos podem ser utilizados como substitutos dos hidrocarbonetos na produção de energia e em certas aplicações industriais.

III.3. Avanços recentes na química verde e na química sustentável

A química verde, que visa reduzir o impacto ambiental dos processos químicos, registou progressos significativos com o desenvolvimento de **solventes verdes**, **catalisadores enzimáticos** e materiais **biodegradáveis**. Os avanços na bioengenharia e na biologia sintética estão a permitir a produção de substâncias de origem biológica para substituir os plásticos e os produtos químicos tradicionais, apoiando a transição para uma indústria química mais sustentável e amiga do ambiente.

IV. Comparação das fontes de matérias-primas

IV.1 Vantagens e desvantagens de cada fonte

IV.1.1. Petróleo e gás natural

O petróleo e o gás natural são as fontes de energia mais utilizadas no mundo, devido à sua abundância e elevado rendimento energético. Estes recursos fósseis são essenciais não só como combustíveis, mas também como matérias-primas para a produção de produtos químicos, plásticos e muitos outros materiais sintéticos. O petróleo, por exemplo, é uma matéria-prima básica para produtos como a gasolina, o gasóleo, os lubrificantes e os plásticos, enquanto o gás natural é uma fonte importante para a produção de amoníaco, metanol e hidrogénio.

No entanto, a natureza **não renovável** do petróleo e do gás natural levanta questões de sustentabilidade. As reservas disponíveis são limitadas e concentram-se em determinadas regiões do mundo, criando questões geopolíticas ligadas à segurança energética. A procura crescente destes recursos, nomeadamente nos países em desenvolvimento, poderá acelerar o seu esgotamento, conduzindo à instabilidade dos preços e a tensões entre países importadores e exportadores.

Além disso, estes recursos têm um grande impacto ambiental devido às **emissões de gases com efeito de estufa** que geram. Quando queimados, o petróleo e o gás natural libertam dióxido de carbono (CO_2), um gás com efeito de estufa que contribui para o aquecimento global. Os processos de extração, refinação e transporte de petróleo podem também provocar fugas e derrames, causando danos nos ecossistemas marinhos e terrestres. A dependência destes combustíveis fósseis constitui um desafio para as políticas climáticas, levando os governos a procurar alternativas renováveis e a incentivar a inovação no domínio das energias limpas.

VI.1.2. Hulha

A hulha, ou hulha betuminosa, foi uma das primeiras fontes de energia fóssil utilizadas para alimentar a industrialização no século XIX, desempenhando um papel central no desenvolvimento da indústria pesada. A hulha, rica em carbono, é hoje utilizada em aplicações específicas, nomeadamente na **indústria siderúrgica** e na carboquímica. Na produção de aço, por exemplo, o coque da hulha é essencial como agente redutor, permitindo a transformação do minério de ferro em ferro metálico. A hulha é também utilizada na produção de eletricidade, embora a sua utilização esteja a diminuir neste domínio devido ao seu impacto ambiental.

O principal inconveniente da hulha é a sua **elevada pegada de carbono**. Quando queimada, emite grandes quantidades de CO_2, bem como outros poluentes atmosféricos, como os óxidos de enxofre (SOx) e os óxidos de azoto (NOx), responsáveis pela acidificação dos solos e pelas chuvas ácidas. Emite também partículas finas, que têm um efeito nocivo na qualidade do ar e na saúde pública, causando doenças respiratórias e cardiovasculares.

A extração de carvão tem também um impacto ambiental importante: as minas a céu aberto degradam as paisagens, destroem os habitats naturais e contaminam as águas subterrâneas. As águas ácidas descarregadas pelas minas poluem igualmente os rios, afectando a biodiversidade aquática. Apesar da sua utilidade em certas indústrias, a hulha é considerada uma das fontes de energia mais poluentes, o que levou muitos países a restringir ou abandonar a sua utilização por razões ambientais.

VI.1.3. Biomassa

A biomassa é uma alternativa renovável aos combustíveis fósseis, obtida a partir de **matéria orgânica** como a madeira, os resíduos agrícolas, as algas e os óleos vegetais. Ao contrário dos recursos fósseis, a biomassa é considerada uma fonte de energia **neutra em termos de carbono**: o CO_2 emitido durante a sua combustão é compensado pelo CO_2

capturado pelas plantas durante o seu crescimento. Este facto torna a biomassa uma opção mais sustentável para a produção de combustíveis (como o biodiesel e o bioetanol) e de produtos químicos de base biológica.

No entanto, a exploração da biomassa para aplicações industriais não está isenta de desafios. **Os processos envolvidos na conversão** da biomassa em biocombustíveis ou produtos químicos requerem frequentemente tecnologias dispendiosas e de elevado consumo energético, como a fermentação, a pirólise ou a gaseificação. Estes processos exigem também uma entrada significativa de matérias-primas e a produção de biomassa em grande escala pode levar à **concorrência por terras agrícolas**. Isto pode afetar a disponibilidade de terras para a agricultura alimentar, especialmente em regiões onde os recursos são limitados.

Em termos de eficiência, a biomassa é frequentemente menos eficiente do que os hidrocarbonetos fósseis devido à baixa densidade energética dos materiais de origem. Por exemplo, a conversão de algas em combustível líquido requer uma grande quantidade de matéria-prima para obter um volume relativamente pequeno de combustível. Este facto limita a aplicabilidade da biomassa em sectores onde as necessidades energéticas são elevadas.

Apesar destas limitações, a biomassa continua a desempenhar um papel cada vez mais importante na transição energética, graças aos avanços da química verde e da biotecnologia. As inovações no desenvolvimento de bio-reactores, microrganismos modificados e tecnologias de conversão mais eficientes poderão melhorar a rentabilidade e o rendimento da biomassa, tornando este recurso uma alternativa mais viável e sustentável para o futuro.

IV.2 Impacto ambiental e questões de sustentabilidade

A exploração de hidrocarbonetos e de carvão contribui para as emissões de CO_2 e para o aquecimento global. A biomassa, com uma pegada de carbono mais neutra, reduz este impacto, mas deve ser explorada de forma sustentável para evitar uma pressão excessiva sobre os recursos naturais.

IV.3. Perspectivas futuras para cada fonte de matéria-prima

As perspectivas futuras das matérias-primas químicas orgânicas estão a ser moldadas pelos desafios ambientais, pela inovação tecnológica e por políticas internacionais cada vez mais rigorosas. Cada uma das fontes de matérias-primas - hidrocarbonetos fósseis, carvão e biomassa - tem um papel a desempenhar nesta transição, mas a trajetória de cada recurso varia de acordo com as prioridades económicas, ambientais e tecnológicas dos países e das empresas.

IV.3.1. Combustíveis fósseis: uma transição gradual mas inevitável para alternativas mais sustentáveis

Prevê-se que os hidrocarbonetos fósseis, como o petróleo e o gás natural, continuem a desempenhar um papel importante nas próximas décadas, mas a sua importância está a diminuir gradualmente. Apesar dos avanços nas energias renováveis, os combustíveis fósseis continuam a ser essenciais para muitos produtos básicos, incluindo plásticos, combustíveis para a aviação e produtos químicos de base. No entanto, várias tendências indicam que o seu papel irá mudar:

- **Tecnologias de redução das emissões** : Estão a ser desenvolvidas tecnologias de captura e armazenamento de carbono (CCS) e de captura, utilização e armazenamento de carbono (CUSC) para reduzir as emissões associadas aos hidrocarbonetos fósseis. Estas tecnologias poderão permitir uma utilização mais limpa dos recursos fósseis, alargando a sua utilização em aplicações específicas.
- **Otimização dos recursos**: A indústria petroquímica está a evoluir para maximizar o rendimento dos produtos químicos e reduzir os resíduos, com processos como a reforma catalítica e o craqueamento a vapor que são mais eficientes em termos de consumo de energia e de redução de subprodutos nocivos.
- **Desinvestimento e regulamentação**: Cada vez mais instituições financeiras e governos estão a introduzir restrições ao financiamento de projectos baseados em combustíveis fósseis, incentivando o desinvestimento nestes sectores. Regulamentações mais rigorosas, como as da União Europeia para reduzir as emissões de gases com efeito de estufa, estão a levar as empresas a virarem-se para as energias e matérias-primas renováveis.

Embora os combustíveis fósseis ainda sejam indispensáveis em certos sectores industriais, a transição energética e os avanços tecnológicos estão a limitar o seu papel a médio prazo. As indústrias e os governos estão a investir em alternativas e as políticas ambientais continuam a incentivar a transição para fontes mais sustentáveis.

IV.3.2. Hulha: um papel em declínio mas estratégico em certos sectores industriais

A hulha, nomeadamente sob a forma de coque para a indústria siderúrgica, desempenha um papel essencial em certos sectores industriais, mas é um dos recursos mais poluentes. O declínio da hulha é particularmente acentuado na produção de eletricidade, onde foi substituída pelas energias renováveis e pelo gás natural em muitos países. No entanto, para certas aplicações, nomeadamente a metalurgia, estão a ser desenvolvidos esforços para reduzir o seu impacto ambiental:

- **Descarbonizar a indústria siderúrgica**: A indústria siderúrgica, grande consumidora de coque, procura métodos alternativos, como a utilização de hidrogénio para reduzir o minério de ferro. Iniciativas como o projeto HYBRIT, na Suécia, visam substituir o coque por hidrogénio, criando assim um aço sem carbono.
- **Tecnologias de captura de emissões**: Para as indústrias que ainda dependem do coque, estão a ser introduzidas tecnologias de captura de CO_2 e filtros de partículas finas para reduzir o impacto das emissões no ambiente. Estas tecnologias permitem que as instalações continuem a funcionar, ao mesmo tempo que cumprem normas ambientais mais rigorosas.
- **Reciclagem e economias circulares**: Como parte da economia circular, o aço reciclado reduz a dependência do coque e, consequentemente, da hulha. O investimento na reciclagem do aço reduz a necessidade de extração e transformação de novas matérias-primas.

Em suma, embora o seu papel esteja a diminuir, o carvão continua a ocupar um lugar estratégico em certas indústrias pesadas. No entanto, a pressão para descarbonizar os processos industriais poderá reduzir gradualmente a sua procura, incentivando inovações que favoreçam materiais e processos mais respeitadores do ambiente.

IV.3.3. Biomassa e química verde: rumo a um aumento significativo da produção e da utilização

A biomassa representa o futuro da indústria química orgânica como parte da transição para uma economia de baixo carbono. Os materiais de base biológica, derivados de recursos renováveis, têm a vantagem de não aumentar as emissões de CO_2, desde que a sua produção seja gerida de forma sustentável. As perspectivas para a biomassa e a química verde estão a expandir-se rapidamente graças ao progresso em várias áreas:

- **Processos de conversão melhorados**: As tecnologias de fermentação, pirólise e gaseificação estão a tornar-se cada vez mais eficientes, permitindo que a biomassa seja convertida numa vasta gama de produtos químicos. Os catalisadores enzimáticos e as biotecnologias estão a tornar os processos de conversão menos intensivos em energia e mais selectivos, aumentando assim a viabilidade económica da biomassa.

- **Desenvolvimento de materiais de base biológica**: Os bioplásticos e os materiais biodegradáveis estão a ganhar terreno, nomeadamente nas indústrias de embalagens, automóvel e têxtil. Os biopolímeros como o PLA (ácido poliláctico) e o PHA (polihidroxialcanoato) são alternativas cada vez mais competitivas aos plásticos tradicionais.
- **Produção de biocombustíveis avançados**: A investigação está a centrar-se nos biocombustíveis de segunda geração, utilizando fontes não alimentares como os resíduos agrícolas e os resíduos de madeira. Estes biocombustíveis limitam a concorrência por terras agrícolas e reduzem o impacto ambiental em comparação com os biocombustíveis de primeira geração.
- **Políticas e incentivos**: Muitos governos apoiam ativamente a química verde e os materiais de base biológica através de subsídios, créditos fiscais e objectivos de sustentabilidade. A União Europeia, por exemplo, introduziu políticas que favorecem os materiais renováveis como parte do Pacto Ecológico, que tem como objetivo neutralizar as suas emissões de carbono até 2050.

Referências

1. Yergin, D. (1991). *The Prize: The Epic Quest for Oil, Money, and Power [O Prémio: A Epopeia do Petróleo, do Dinheiro e do Poder*]. Free Press.
2. Speight, J. G. (2007). *The Chemistry and Technology of Petroleum (A Química e a Tecnologia do Petróleo*). CRC Press.
3. BP (2023). *Statistical Review of World Energy*.
4. Tissot, B. P., & Welte, D. H. (1984). *Petroleum Formation and Occurrence (Formação e Ocorrência de Petróleo*). Springer.
5. Matar, S., & Hatch, L. F. (2000). *Chemicals: Essential Chemicals for Industrial Processes*. Gulf Professional Publishing.
6. Jones, D. S. J., & Pujadó, P. R. (2006). *Handbook of Petroleum Processing*. Springer.
7. Gary, J. H., Handwerk, G. E., & Kaiser, M. J. (2007). *Petroleum Refining: Technology and Economics*. CRC Press.
8. Meyers, R. A. (Ed.). (2004). *Handbook of Petrochemicals Production Processes*. McGraw-Hill.
9. Speight, J. G. (2014). *The Refinery of the Future [A Refinaria do Futuro*]. Elsevier.
10. Kirk-Othmer (2004). *Kirk-Othmer Encyclopedia of Chemical Technology* (5ª ed.). Wiley-Interscience.

Capítulo III: Processos de transformação em química

O terceiro capítulo descreve os principais processos de transformação, como a hidratação, a oxidação e a polimerização de alcenos, bem como os processos de tratamento de hidrocarbonetos aromáticos. Abrange também as principais reacções, como a reforma, a cloração e a síntese de oxocompostos. Este capítulo fornece uma visão geral dos métodos modernos para a produção de compostos químicos de elevado valor acrescentado, que são essenciais em muitos sectores industriais.

I. Etileno e outros alcenos

I.1 Hidratação: produção de álcoois

A hidratação dos alcenos, em particular do etileno, é um processo importante para a obtenção de álcoois, dos quais o etanol é o mais comum. Este processo é efectuado através da adição de uma molécula de água ao alceno sob a forma de vapor na presença de um catalisador ácido, frequentemente ácido sulfúrico diluído ou um catalisador do tipo zeólito (1). O etanol produzido é essencial não só como solvente e combustível alternativo, mas também como matéria-prima para outras transformações químicas, como a produção de etilenoglicol ou acetaldeído (2). Este processo também pode ser aplicado a outros alcenos para produzir vários álcoois, que são intermediários sintéticos no fabrico de cosméticos, produtos de higiene pessoal e muitos produtos industriais.

I.2 Oxidação: produção de óxido de etileno e de etilenoglicol

A oxidação do etileno em óxido de etileno é um processo catalítico fundamental na indústria química, geralmente efectuado na presença de catalisadores à base de prata. O óxido de etileno é uma molécula altamente reactiva que pode ser convertida em etilenoglicol, um líquido utilizado pelas suas propriedades anticongelantes nos sistemas de arrefecimento automóvel e industrial. O etilenoglicol é também um intermediário essencial no fabrico de tereftalato de polietileno (PET) (4), um polímero utilizado em têxteis (fibras de poliéster) e embalagens de alimentos (garrafas de plástico). A conversão do óxido de etileno em etilenoglicol é um processo estratégico na química orgânica, pois permite fabricar materiais essenciais a partir de produtos simples como o etileno.

I.3 Polimerização: Produção de polietileno e outros polímeros

A polimerização do etileno, efectuada por polimerização radical ou catalítica, produz vários tipos de polietileno, cada um com propriedades específicas adaptadas a utilizações distintas. Por exemplo, o polietileno de baixa densidade (LDPE) é utilizado para sacos de plástico e películas de embalagem devido à sua flexibilidade (5), enquanto o polietileno de alta densidade (HDPE) é preferido para tubos, reservatórios e contentores devido à sua rigidez e resistência mecânica. A produção de polipropileno (PP) e de outros polímeros de alquenos, obtidos por copolimerização ou utilizando diferentes catalisadores (como os catalisadores Ziegler-Natta), alarga a utilização dos alquenos para criar materiais com propriedades diversificadas, essenciais nos sectores da construção, automóvel e eletrónico.

Quadro 3: Principais derivados do etileno e

Matière de base	Intermédiaires	Produits finis. Utilisations
ÉTHYLÈNE 3 400 000 t/an(*)	→ Oxyde d'éthylène → Glycol (Ethane-1,2-diol)	*Textiles polyesters, antigels, explosifs.*
	→ Oxyde d'éthylène → Ethers de glycol	*Solvants, peintures, vernis, liquides hydrauliques.*
	→ Oxyde d'éthylène → Ethanolamines	*Agents tensioactifs, cosmétiques.*
	→ Oxyde d'éthylène → Polyéthers	*Pharmacie, cosmétiques, détergents.*
	→ Éthanol	*Solvants, synthèse.*
	→ Éthanal → Chloral	*Colorants, insecticides, (DDT).*
	→ Éthanal → Acide acétique	*Rayonne, insecticides, rhodoïd.*
	→ Éthanal → Aldol, butadiène	*Élastomères.*
	→ Dérivés chlorés	*Solvants dégraissants.*
	→ Chlorure de vinyle	*Chlorure de polyvinyle, objets moulés, feuilles.*
	→ Acétate de vinyle	*Acétate de polyvinyle, peinture, adhésifs.*
	→ (Polymérisation)	*Polyéthylènes, objets moulés, feuilles, films.*
	→ Éthylbenzène → Styrène	*(voir dérivés du benzène).*
PROPYLÈNE ou PROPÈNE 2 400 000 t/an(*)	→ Oxyde de propylène → Propylèneglycol (Propane-1,2-diol)	*Solvants, antigels, fluides hydrauliques, parfumerie, détergents, polyuréthanes.*
	→ Alcools « Oxo »	*Solvants synthèse.*
	→ Propan-2-ol	*Synthèse, acétone, solvant.*
	→ Acrylonitrile	*Fibres textiles, résines élastomères, peintures.*
	→ Tétrachlorométhane	*Dérivés fluorés et chlorofluorés, solvant.*
	→ Chlorure d'allyle → Glycérol	*Résines glycérophtaliques, peintures, explosifs, pharmacie.*
	→ (Polymérisation)	*Polypropylène, résines thermoplasiques, plastifiants, détergents.*
	→ Cumène → Phénol + Acétone	*(voir dérivés du benzène).*

- ***Preparação do acetaldeído***: anteriormente fabricado a partir do acetileno (por hidratação), este processo é agora mais económico a partir do etileno, através das seguintes reacções

$$C_2H_4 + PdCl_2 + H_2O \longrightarrow CH_3 - CH = O + Pd + 2\ HCl$$

$$Pd + 2\ CuCl_2 \longrightarrow PdCl_2 + 2\ CuCl$$

$$2\ CuCl + 1/2\ O_2 + 2\ HCl \longrightarrow 2\ CuCl_2 + H_2O$$

lont le bilan se réduit à :

$$C_2H_4 + 1/2\ O_2 \longrightarrow CH_3 - CH = O \qquad (\Delta H = -243\ kJ/mol)$$

O processo é globalmente exotérmico, ao passo que o fabrico de acetileno, a primeira fase do antigo processo, é altamente endotérmico e, por conseguinte, consome muita energia.

- ≡***Preparação do acrilonitrilo:*** CH_2=CH-C N. Trata-se de uma reação específica com o propeno, na presença de amoníaco e de oxigénio; o acrilonitrilo é polimerizável (têxteis sintéticos).

II. Benzeno e hidrocarbonetos aromáticos

II.1 Alquilação do benzeno: etilbenzeno, cumeno

A alquilação do benzeno é um processo que envolve a introdução de um grupo alquilo na estrutura aromática do benzeno, produzindo derivados como o etilbenzeno e o cumeno, que são intermediários cruciais para a indústria química. O etilbenzeno é convertido em estireno, um monómero essencial para o poliestireno, um material leve e isolante utilizado em embalagens e materiais de construção. O cumeno é convertido em fenol e acetona através do processo de peroxidação. O fenol é uma matéria-prima para resinas fenólicas e policarbonatos, enquanto a acetona é utilizada como solvente em vernizes, tintas e adesivos.

- ***O benzeno é alquilado*** por condensação com alcenos (reação do tipo Friedel-Crafts) utilizando :
    - *Etileno* para dar etilbenzeno, cuja desidrogenação dá estireno C6H5 -CH=CH2, que pode ser polimerizado (8).
    - *Propeno*, para obter cumeno (ou isopropilbenzeno), um intermediário na preparação simultânea de dois derivados muito importantes: *o fenol* e *a acetona (*6).

Nota

O fenol é utilizado numa vasta gama de processos de fabrico, incluindo polímeros de alta qualidade (resinas de fenol-formaldeído), corantes (por reação com sais de diazónio), insecticidas, fungicidas, explosivos (ácido pícrico), nylon e medicamentos.

O consumo mundial anual é de cerca de 4 milhões de toneladas e uma única unidade de transformação de cumeno pode produzir 200 000 toneladas por ano, ou seja, mais de 500 toneladas por dia.

A acetona é um solvente e um intermediário em várias sínteses.

- - *Alcenos de peso molecular médio* para posterior sulfonação dos alquilbenzenos obtidos (por exemplo, dodecilbenzeno C6H5-C12H25) para obtenção de detergentes sintéticos.

- ***A cloração do* benzeno** produz derivados de adição, como o hexaclorociclohexano, utilizado como inseticida, ou derivados de substituição, como o monoclorobenzeno, que é utilizado com o cloral CCl(3)-CH=O no fabrico do D.D.T. (*dicloro-difenil-tricloroetano*):

$$2\,C_6H_5Cl + CCl_3-CH=O \rightarrow Cl-C_6H_4-\underset{\displaystyle CCl_3}{\underset{|}{CH}}-C_6H_4-Cl$$

A nitração do benzeno ou *do* tolueno dá origem a derivados mononitro, cuja redução fornece as aminas correspondentes, matérias-primas na química dos corantes; os derivados trinitro são também explosivos, como o trinitrotolueno (T.N.T.) (6).

A oxidação dos hidrocarbonetos benzénicos produz diversos ácidos, nomeadamente diácidos utilizados nas reacções de policondensação, ácido maleico do benzeno, ácido ortoftálico do *orto-xileno* ou do naftaleno, ácido tereftálico do *para-xileno*.

- ***A hidrogenação do* benzeno** permite a obtenção de ciclo-hexano, cuja oxidação numa mistura de ciclo-hexanol e ciclo-hexanona permite a obtenção de ácido adípico ou de caprolactama, produtos intermédios no fabrico de nylon 6/6 e nylon 6.

II.2 Aplicações dos aromáticos: fenol, acetona, estireno

Devido à sua estrutura química estável e reactiva, os compostos aromáticos têm uma vasta gama de aplicações. O fenol é um precursor de resinas sintéticas, como as resinas fenólicas e as resinas epoxídicas, utilizadas em colas e no isolamento térmico. Para além do seu papel como solvente, a acetona é também utilizada no fabrico de metacrilato de metilo (MMA) e de plásticos acrílicos, enquanto o estireno é a base do poliestireno e da borracha de estireno-butadieno (SBR), que é utilizada em pneus e produtos de espuma (9).

II.3 Importância dos derivados do nitro e do cloro na química industrial

Os derivados nitrados e clorados dos aromáticos são intermediários químicos essenciais. Por exemplo, o nitrobenzeno é um precursor da anilina, que é utilizada para produzir poliuretanos e corantes. Os compostos clorados, como o clorobenzeno, são utilizados como solventes e intermediários no fabrico de produtos agroquímicos, farmacêuticos e de proteção das culturas. Estes derivados desempenham um papel fundamental na síntese de produtos químicos complexos, sendo frequentemente mais reactivos e escaláveis para aplicações específicas na indústria química (10).

III. Principais reacções químicas

III.1 Cloração: derivados halogenados e solventes

A cloração de hidrocarbonetos produz derivados halogenados, como o tetracloreto de carbono e o cloreto de metileno, que são solventes poderosos para as indústrias de tintas, revestimentos e produtos de limpeza. Estes derivados halogenados são também utilizados como agentes desengordurantes nas indústrias mecânica e eletrónica. O cloreto de vinilo, produzido pela cloração do etileno, é o monómero de base do PVC, um polímero utilizado em tubos, cabos eléctricos e revestimentos de pavimentos.

III.2 Reforma: Melhorias no índice de octano

O reforming catalítico melhora a qualidade dos combustíveis, aumentando o índice de octano, o que melhora a resistência dos combustíveis à detonação. Este processo, efectuado na presença de catalisadores à base de platina ou ródio, converte a nafta em hidrocarbonetos aromáticos, como o tolueno e o xileno. Estes aromáticos são utilizados para melhorar o desempenho dos combustíveis e produzir matérias-primas para a indústria petroquímica.

III.3 Oxo-síntese: produção de aldeídos e álcoois

A oxossíntese, ou hidroformilação, adiciona um grupo formilo aos alcenos para produzir aldeídos, como o butiraldeído, que podem depois ser hidrogenados para produzir álcoois. Estes álcoois são utilizados no fabrico de plastificantes para polímeros, aditivos para combustíveis e como solventes em produtos industriais. Esta reação é geralmente catalisada por complexos de metais de transição, como o cobalto ou o ródio, e representa uma etapa fundamental na química dos aldeídos e dos álcoois.

IV. Polimerização e policondensação

IV.1 Polimerização por adição: Polietileno, PVC, Poliestireno

A polimerização por adição consiste em juntar monómeros idênticos sem libertar subprodutos. O polietileno, produzido através da polimerização do etileno, é utilizado em películas de plástico, garrafas e recipientes para alimentos devido à sua resistência química e leveza. O PVC, produzido a partir do cloreto de vinilo, é apreciado pelas suas propriedades ignífugas e resistência às intempéries, o que o torna ideal para aplicações na construção. O poliestireno, por sua vez, é utilizado em embalagens, isolamentos e produtos de consumo quotidiano, graças à sua transparência e rigidez.

IV.2 Policondensação: poliésteres, poliamidas, fenoplásticos, poliuretanos

A policondensação envolve a reação entre dois tipos de monómeros, libertando subprodutos como a água. Os poliésteres, como o PET, são utilizados em têxteis e embalagens, enquanto as poliamidas, como o nylon, são conhecidas pela sua resistência à abrasão, tornando-as ideais para têxteis técnicos e componentes mecânicos. Os fenoplásticos, resinas termoendurecíveis, são normalmente utilizados em aplicações eléctricas e em adesivos industriais. Os poliuretanos, produzidos pela reação entre polióis e isocianatos, são versáteis e utilizados em espumas flexíveis, tintas e revestimentos resistentes.

IV.3. Aplicações dos polímeros e suas propriedades específicas: termoplásticos, termoendurecíveis, elastómeros

- **Termoplásticos**: São polímeros que podem ser fundidos e remodelados várias vezes, como o polietileno e o polipropileno, muito utilizados em embalagens, automóveis e produtos de consumo.
- **Termoendurecíveis**: Estes polímeros endurecem irreversivelmente com o calor, como as resinas epoxídicas e as resinas fenólicas, utilizadas pela sua resistência química e térmica em adesivos e materiais de construção.
- **Elastómeros**: Estes polímeros flexíveis, como a borracha natural e o polibutadieno, são apreciados pela sua elasticidade e resistência ao stress. São utilizados em pneus, vedantes e juntas industriais.

Os polímeros produzidos por polimerização e policondensação são variados e respondem a necessidades específicas dos sectores industrial, dos transportes, da eletrónica e dos bens de consumo, o que faz deste sector um pilar fundamental da química orgânica.

IV.4. Polímeros elevados

Os "altos polímeros" são macromoléculas, ou seja, moléculas com um peso molecular muito elevado (até um milhão) e que contêm, portanto, um número muito elevado de átomos.

Existem macromoléculas na natureza, como a celulose, constituinte das plantas e da madeira, as proteínas (por exemplo, a queratina, que constitui o cabelo e a lã) e o látex, formado pela coagulação da seiva da seringueira. Começou-se por procurar modificar quimicamente estes materiais naturais para os adaptar a utilizações específicas: a vulcanização da borracha natural (descoberta por Goodyear em 1839), a transformação da celulose em celuloide (1870) ou em fibras de "seda artificial" ou de "rayon" (1889) fazem parte deste processo. Seguiu-se a síntese de novos materiais macromoleculares, denominados "altos polímeros": a baquelite (1909), a borracha de policloropreno (1931), as fibras de poliamida (nylon, 1935).

Atualmente, estes polímeros elevados diversificaram-se enormemente e são utilizados (sob a designação de "plásticos") em inúmeras aplicações. O seu interesse resulta da diversidade das suas propriedades e da possibilidade de preparar materiais adaptados a cada utilização específica prevista. Podem ser flexíveis ou rígidos, transparentes ou opacos; podem ser utilizados para o fabrico direto e económico de peças grandes e complicadas por moldagem; são geralmente isolantes, mas sabe-se como preparar polímeros condutores; a sua resistência mecânica pode ser melhorada combinando-os com fibras (vidro, carbono, etc.) em materiais compósitos.

A França é o segundo maior produtor europeu de altos polímeros. Em apenas algumas décadas, a sua produção aumentou cerca de 50 vezes, atingindo cerca de 6,5 milhões de toneladas por ano. O consumo anual em França continua a aumentar, com cerca de 80 kg per capita.

Os compostos macromoleculares *sintéticos* são sempre formados pela *repetição de um motivo simples* num número muito elevado de vezes. É precisamente este tipo de estrutura que é designado pelo termo "*polímero*", sendo que o adjetivo *"alto"* se refere ao seu peso molecular muito elevado.

Alguns dos produtos obtidos são líquidos, mas a maioria é sólida. São São "*termoplásticos*" se puderem ser amolecidos pelo calor e recuperarem a sua dureza normal após o arrefecimento (os objectos podem ser fabricados por moldagem, depois de o polímero ter sido processado quimicamente); são "*termoendurecíveis*" se a reação que os produz conduzir a uma massa sólida que já não pode ser amolecida pelo calor (a reação deve ter lugar no molde). Por fim, alguns polímeros têm as propriedades elásticas da borracha; são designados por "*elastómeros*".

Estas moléculas podem ser obtidas por "polimerização" ou "policondensação".

IV.1 Polimerização

A polimerização propriamente dita, ou "polimerização por adição", consiste na união das moléculas de um composto simples, denominado "monómero", para dar origem, sem qualquer eliminação, a um composto de massa molecular superior, múltiplo inteiro do monómero. O número de moléculas de monómero assim ligadas pode ser muito grande (várias dezenas de milhares) e o peso molecular do polímero pode ultrapassar um milhão; mas são também conhecidos e utilizados polímeros com um peso molecular limitado a cerca de vinte e cinco mil.

Os monómeros são sempre compostos insaturados e a polimerização já foi mencionada como uma das reacções possíveis dos alcenos e dos dienos conjugados. Os mecanismos envolvidos também já foram mencionados, pelo que apenas serão aqui recordados os dois diagramas correspondentes:

Tabela 5: Principais polímeros de adição

Monómero	Polímero	Aplicações
Etileno $H_2C=CH_2$	Polietileno de baixa densidade	*Películas, folhas (embalagens, agricultura), objectos domésticos, cabos.*
	Alta densidade	*Objectos moldados, garrafas, corpos ocos.*
Propeno $CH_{(3)}$-$CH=CH_2$	Polipropilenos	*Artigos moldados (automóvel), mobiliário, louça sanitária, cabos).*
Cloreto de vinilo $CH_2=CHCl$	Policloreto de vinilo	*Rígidos: tubos, bainhas eléctricas, garrafas, corpos ocos* *Flexíveis (plastificados): películas e folhas, revestimentos para pavimentos, cabos, calçado, brinquedos.*
Estireno C_6H_5 -$CH=CH_2$	Poliestireno	*Caixas e cubas, móveis, brinquedos.* *Expandido (98% ar): embalagem resistente ao impacto, isolamento térmico e acústico.*
Acrilonitrilo CH_2=CH-CʃN	Poliacrilonitrilo	*Fibras têxteis acrílicas (Orlon)*
Metarcrilato de metilo CH_2 =$C(CH_3)CO_2CH_3$	Polímero/acrílico	*Vidro orgânico (Plexiglas, Altuglas).*
Tetrafluoroetileno $F_2C=CF_2$	Politetrafluoroetileno (Teflon)	*Revestimentos resistentes ao calor, peças mecânicas, materiais de elevada resistência química*
Butadieno $H_2C=CH-CH-CH=CH_2$ Isopreno $H_2C=C(CH_3)-H=CH_2$ Cloropreno $H_2C=CCl-CH=CH_2$	Vários elastómeros (frequentemente copoli-mãe), por exemplo, butadieno-estireno)	*Pneus, câmaras-de-ar, mangueiras; diversas aplicações de borracha.*

VI.1.1. Alcenos e compostos vinílicos

$$n\,A - CH = CH_2 \longrightarrow \left(\underset{\displaystyle A}{\overset{|}{CH}} - CH_2 \right)_n$$

Exemplos

Etileno (A=H), propeno (A=CH_3), cloreto de vinilo (A=Cl), estireno (A=Ph), acrilonitrilo (A=CN), etc.

VI.1.2. Dieno conjugado

$$n\,H_2C{=}\underset{A}{\underset{|}{C}}{-}CH{=}CH_2 \longrightarrow \left(CH_2{-}\underset{A}{\underset{|}{C}}{=}CH{-}CH_2 \right)_n$$

Exemplos

Buta-1,3-dieno (A=H), cloropreno (A=Cl).

Os polímeros obtidos desta forma têm uma cadeia principal linear. São termoplásticos (compostos de etileno e de vinilo) ou elastómeros (dienos).

De um ponto de vista estereoquímico, estes polímeros podem ter várias disposições geométricas. De facto, existem três, que diferem na disposição dos grupos A em relação à cadeia principal de carbono, que se supõe estar "alongada" numa conformação em ziguezague:

- ***Polímeros isotácticos***, em que os grupos A estão todos do mesmo lado:

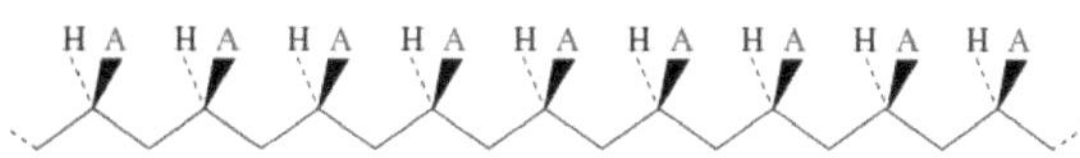

- ***Polímeros sindiotácticos***, em que os grupos A se encontram alternadamente de um lado e do outro:

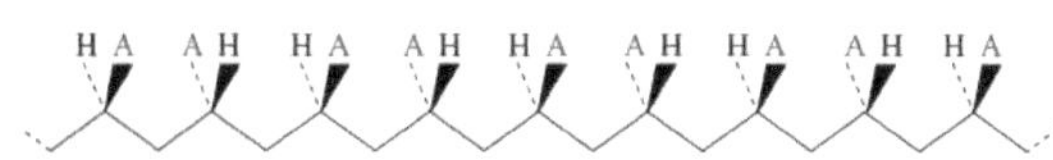

- ***Polímeros atácticos***, em que os grupos A estão distribuídos aleatoriamente entre as duas faces:

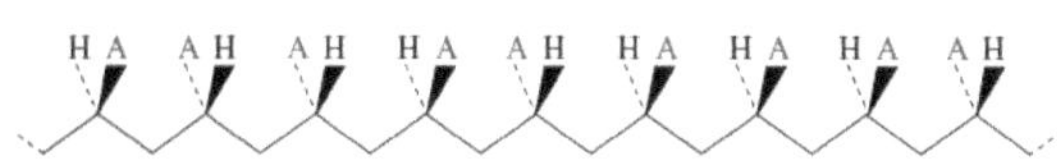

Estas diferenças geométricas conduzem a diferenças significativas nas propriedades (pontos de fusão ou de amolecimento, resistência à tração, etc.). Podem ser utilizados catalisadores especiais para preparar uma ou outra destas formas. Frequentemente, para modificar as propriedades do polímero e adaptá-las a utilizações específicas, uma mistura de diferentes polímeros é "copolimerizada" (por exemplo, uma mistura de butadieno e estireno para certas borrachas sintéticas).

Finalmente, as reacções de polimerização incluem geralmente uma reação de "poliadição" caraterística dos epóxidos, como o óxido de etileno. *Reação de "poliadição"* caraterística dos epóxidos, como o óxido de etileno. Na presença de um álcool ou de um fenol, e sob o efeito de uma catálise ácida ou básica, pode ocorrer a seguinte reação:

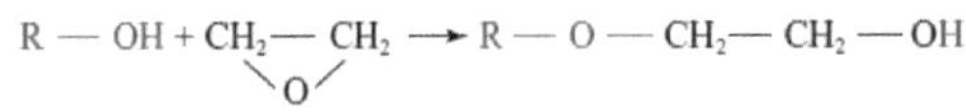

O produto obtido é simultaneamente um éter e um álcool, e esta última função torna-o adequado para uma nova reação idêntica com uma segunda molécula de óxido de etileno para dar R-O-$CH_{(2}$)-$CH_{(2}$)-O-$CH_{(2}$)-CH_2OH.

A reação pode então continuar a conduzir a "poliéteres" $R(OCH_2CH_2)_nOH$, tendo o álcool inicial servido apenas como iniciador.

VI.2 Policondensação

Trata-se de uma verdadeira reação química entre moléculas com grupos funcionais diferentes (por exemplo, a esterificação entre as funções álcool e ácido), mas, como os reagentes têm dois (ou três) grupos funcionais, a reação de um para o outro vai formando cadeias muito longas.

As funções "antagónicas" (representadas abaixo por X e Y) podem ser desempenhadas por diferentes moléculas:

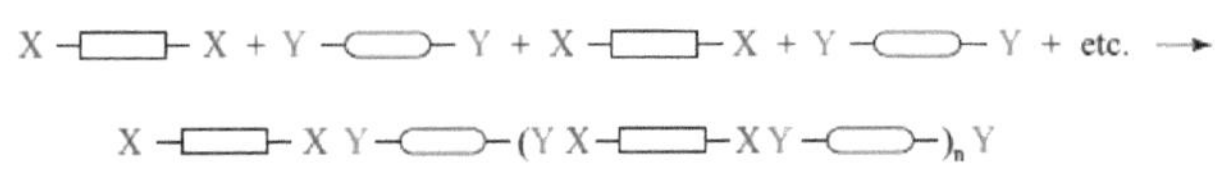

ou estar presente em ambas as extremidades da mesma molécula:

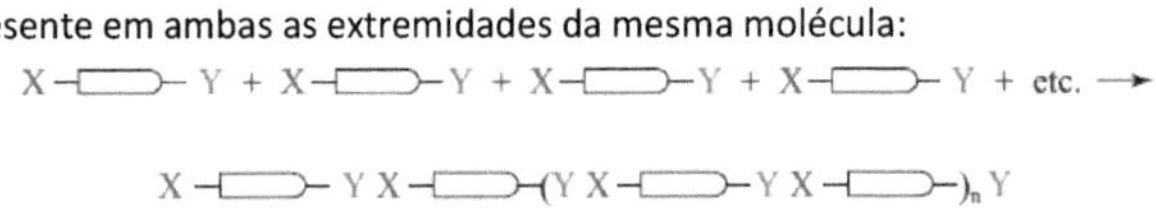

Os produtos lineares assim formados são termoplásticos, mas, se um dos reagentes tiver três funções (ou três locais de reação), podem estabelecer-se cadeias transversais, formando "pontes" entre as cadeias lineares, formando-se então uma rede tridimensional que corresponde a um produto termoendurecível:

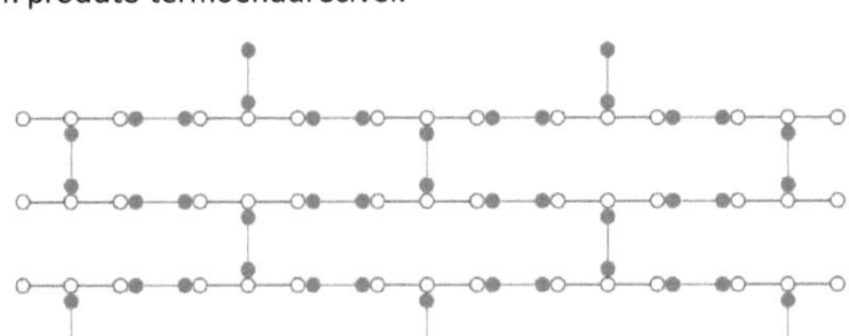

Figura 2: Estrutura de uma resina tridimensional

A reação do reagente trifuncional com as suas duas funções terminais forma primeiro cadeias lineares. Estas são depois unidas por "pontes" que se estabelecem entre elas graças à função central. O esquema ao lado é bidimensional, mas essas pontes também podem ligar cadeias que não estão todas no mesmo plano (aqui, o do papel), para formar uma rede tridimensional.

Par simplification, o—o—o représente ici le composé trifonctionnel X—▭—X (—X) et •—• représente le composé bifonctionnel Y—⬭—Y

Os produtos formados, que são os "policondensados", são muitas vezes também designados por "polímeros" (ou "polímeros de condensação"), embora estas expressões não sejam corretas, uma vez que não resultam de uma polimerização.

Os produtos formados, que são "policondensados", são muitas vezes também designados por "polímeros" (ou "polímeros de condensação"), embora estas expressões não sejam corretas, uma vez que não resultam de uma reação de polimerização. Os que apresentam uma estrutura linear (reagentes exclusivamente bifuncionais) são termoplásticos; são principalmente utilizados na produção de fibras têxteis sintéticas, por fiação por fusão. Os que apresentam uma estrutura tridimensional (um dos reagentes trifuncionais) são as "resinas" termoendurecíveis.

VI.2.1. Poliésteres

Resultam da reação entre um diácido e um álcool di (ou tri), de modo que as unidades monoméricas são unidas por funções éster:

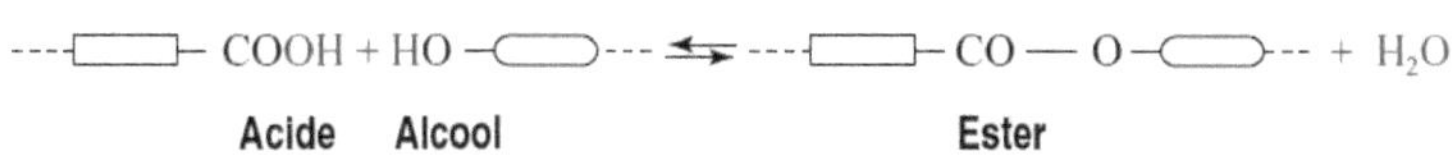

Exemplos

- Condensação de um *diálcool* e de um *diácido* :

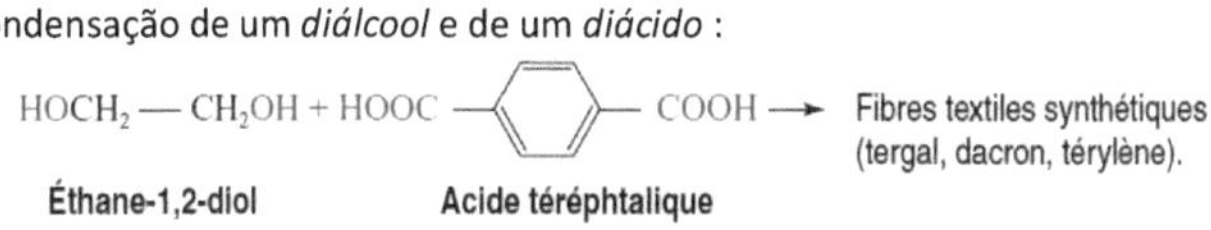

- Condensação de um diálcool e de um diácido :

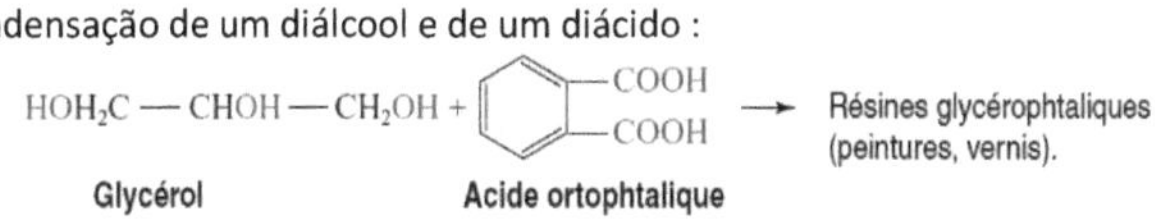

Os materiais utilizados nestes dois exemplos são obtidos a partir de etileno, propeno, *orto-* e *paraxileno*.

VI.2.2. Poliamidas

A reação de base tem lugar entre as funções ácidas e as funções amina, e conduz às funções amida:

Exemplos

- Condensação de um diácido com uma diamina :

$HOOC - (CH_2)_4 - COOH + H_2N - (CH_2)_6 - NH_2 \rightarrow$ **Nylon 6/6** (fibres textiles, objets moulés).

Acide adipique **Hexaméthylènediamine**

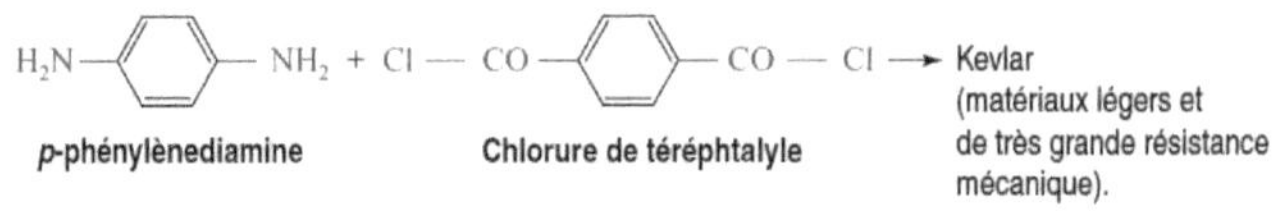

- Condensação de um aminoácido sobre si próprio :

Nota

6/6 significa "formado a partir de dois reagentes que contêm seis carbonos cada". 6 significa "formado a partir de um único reagente que contém seis átomos de carbono".

$H_2N - (CH_2)_5 - COOH$ **Acide 6-aminocaproïque** $\rightarrow$ Nylon 6, Perlon (fibres textiles).

$H_2N - (CH_2)_{10} - COOH$ **Acide 11-aminoundécanoïque** $\rightarrow$ Rilsan, (fibres textiles).

De entre o grande número de métodos industriais utilizados para obter as moléculas necessárias para estas condensações, apenas o processo que utiliza o benzeno como material de base será aqui mencionado.

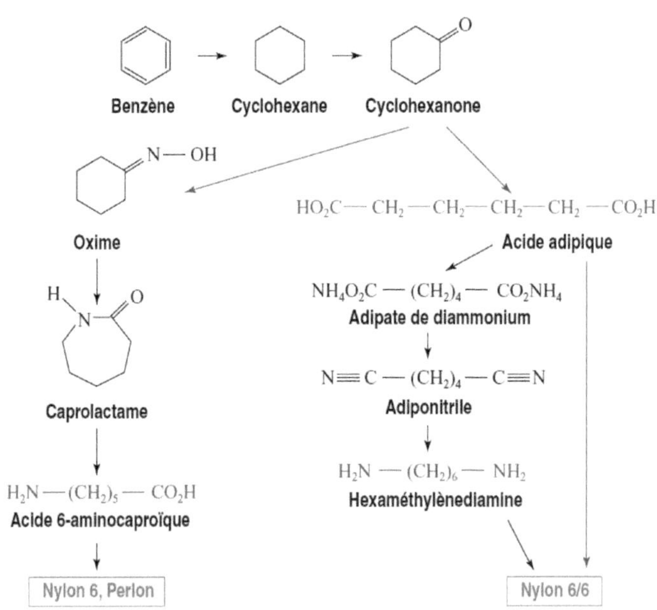

O ácido 11-aminoundecanóico é obtido a partir do ácido etilénico $H_2C{=}CH{-}(CH_2)_8{-}COOH$, que resulta do cracking térmico do óleo de rícino.

VI.2.3. Fenoplastos e aminoplastos

A formação destes produtos termoendurecíveis envolve uma reação entre o formaldeído $H_2C=O$ e um composto de hidrogénio lábil, como se segue:

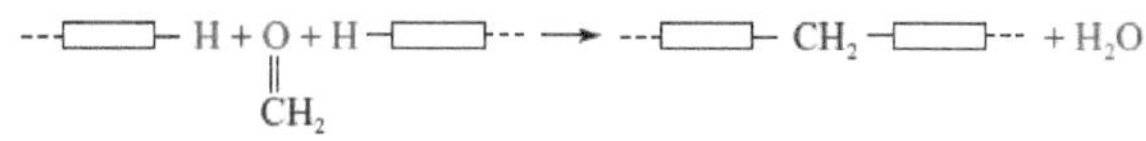

As resinas de fenoplastos resultam de uma reação deste tipo com o fenol, que possui três sítios reactivos: as duas posições orto e a posição para. A produção destas resinas foi de cerca de 75 000 toneladas em 2003.

Na síntese das *resinas aminoplásticas* (176 000 toneladas em 2003), o composto lábil de hidrogénio pode ser a ureia $H_2N\text{-}CO\text{-}NH_2$, cujos quatro átomos de hidrogénio são susceptíveis de reagir, formando uma rede tridimensional com malhas particularmente apertadas:

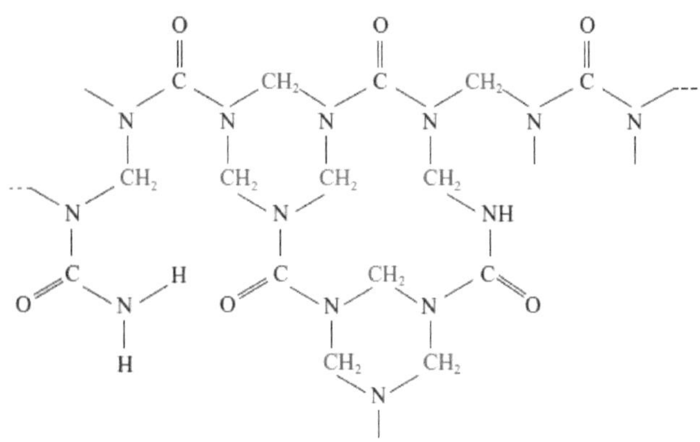

A melamina, um composto azotado com seis hidrogénios lábeis, é igualmente utilizada (colas endurecedoras, louça de plástico, etc.).

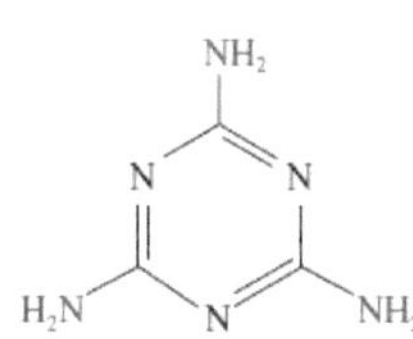

Melamina

VI.2.4. Poliuretanos

A síntese dos poliuretanos baseia-se na reação entre uma função álcool e uma função isocianato para formar um *uretano*:

$$R-N=C=O + R'OH \rightarrow R-NH-\underset{\underset{O}{\|}}{C}-OR'$$

Isocyanate

Uréthane

A policondensação é possível com um diálcool e um *diisocinato*.

Os poliuretanos são sólidos termoplásticos que podem ser utilizados para fabricar objectos moldados (por exemplo, botas de esqui). No entanto, se a policondensação for efectuada na presença de água, que reage com os isocianatos e liberta gás dióxido de carbono, o resultado é um material celular que pode ser duro ou macio e elástico. Este último é conhecido como "espuma plástica", muito utilizada como isolamento, bem como em assentos, colchões, etc.

Exemplo

O tolueno-2,4-*diisocianato* e o etano-1,2-diol reagem da seguinte forma:

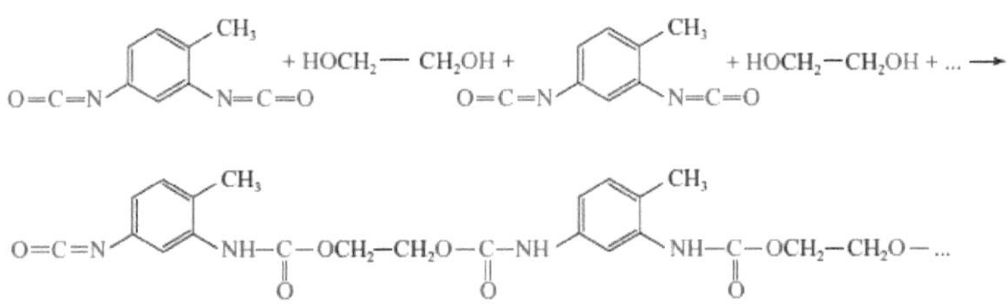

Referências

1. Satterfield, C. N. (1991). *Heterogeneous Catalysis in Industrial Practice (Catálise Heterogénea na Prática Industrial*). McGraw-Hill.
2. Kirk-Othmer (2004). *Kirk-Othmer Encyclopedia of Chemical Technology* (5ª ed.). Wiley-Interscience.
3. Meyers, R. A. (Ed.). (2004). *Handbook of Petrochemicals Production Processes*. McGraw-Hill.
4. Jones, D. S. J., & Pujadó, P. R. (2006). *Handbook of Petroleum Processing*. Springer.
5. Speight, J. G. (2007). *The Chemistry and Technology of Petroleum (A Química e a Tecnologia do Petróleo*). CRC Press.
6. McMurry, J. (2015). *Química orgânica* (9ª ed.). Cengage Learning.
7. Yergin, D. (1991). *The Prize: The Epic Quest for Oil, Money, and Power [O Prémio: A Epopeia do Petróleo, do Dinheiro e do Poder*]. Free Press.
8. Gary, J. H., Handwerk, G. E., & Kaiser, M. J. (2007). *Petroleum Refining: Technology and Economics*. CRC Press.
9. Shreve, R. N., & Brink, J. A. (1984). *Chemical Process Industries*. McGraw-Hill.
10. Matar, S., & Hatch, L. F. (2000). *Chemicals: Essential Chemicals for Industrial Processes*. Gulf Professional Publishing.

Capítulo IV: Aplicações e produtos para a indústria química

Este capítulo examina os produtos da química orgânica em diversos domínios: paraquímica, produtos farmacêuticos, bens de consumo e materiais de construção. Apresenta as aplicações de detergentes, tintas, plásticos e componentes farmacêuticos, destacando a importância dos hidrocarbonetos nos produtos de uso quotidiano. O capítulo destaca a diversidade de aplicações, desde as embalagens aos têxteis e dos cosméticos aos componentes electrónicos.

I. Produtos paraquímicos

I.1 Detergentes, tintas, cosméticos

Os detergentes são produtos de limpeza essenciais nos lares e na indústria. Contêm tensioactivos - moléculas anfifílicas capazes de diminuir a tensão superficial da água, dissolvendo eficazmente a gordura e as impurezas (1). Estes tensioactivos são frequentemente derivados de hidrocarbonetos por sulfonação ou sulfatação, dando origem a compostos como os sulfonatos de alquilbenzeno e os sulfatos de laurilo, que melhoram o poder de limpeza (2). Os aditivos, como os agentes branqueadores e as enzimas, aumentam ainda mais a eficácia dos detergentes (3).

As tintas, utilizadas para decorar e proteger superfícies, são compostas por pigmentos, aglutinantes e solventes (4). Os pigmentos orgânicos conferem cor e opacidade, enquanto os aglutinantes - frequentemente resinas acrílicas, de poliuretano ou alquídicas - asseguram a aderência e a resistência às intempéries (5). Os solventes orgânicos facilitam a aplicação, modificando a viscosidade, e evaporam-se após a secagem. Esta composição permite que as tintas satisfaçam uma variedade de requisitos, como a durabilidade, a resistência aos raios UV e a proteção contra a corrosão.

Por último, os cosméticos utilizam uma vasta gama de compostos orgânicos para melhorar a textura, a eficácia e a estabilidade dos produtos de beleza e de cuidados da pele. Os emolientes, como os ésteres e os álcoois gordos, suavizam e hidratam a pele, enquanto os conservantes, como os parabenos ou os ácidos orgânicos, prolongam a vida dos produtos. As fragrâncias sintéticas proporcionam aromas duradouros e personalizáveis, adaptados às preferências dos consumidores (6).

I.2 Produtos fitofarmacêuticos e fertilizantes

Os produtos fitofarmacêuticos são essenciais para a proteção das culturas. Os herbicidas, como o glifosato, impedem o crescimento de ervas daninhas, enquanto os insecticidas, como os piretróides, visam os insectos nocivos (7). Os fungicidas, à base de triazóis ou estrobilurinas, protegem as plantas de infecções fúngicas. A química orgânica permite conceber estas moléculas especificamente para minimizar o seu impacto ambiental, embora persistam preocupações quanto aos seus efeitos na biodiversidade e na saúde humana (8).

Os fertilizantes orgânicos, como os compostos à base de ureia e nitrato de amónio, fornecem os nutrientes necessários ao crescimento das plantas, incluindo o azoto, o fósforo e o potássio. Estes compostos aumentam o rendimento das culturas, mas a utilização intensiva de fertilizantes levanta questões sobre a eutrofização da água e as emissões de gases com efeito de estufa. Estão a ser desenvolvidas alternativas, como os adubos de libertação controlada, para limitar estes efeitos (9).

I.3 Explosivos, corantes e aplicações específicas

Os explosivos, como a nitroglicerina e o trinitrotolueno (TNT), são compostos orgânicos altamente reactivos utilizados nas indústrias da construção, da exploração mineira e da defesa. Estes compostos libertam uma grande quantidade de energia quando se decompõem rapidamente, permitindo a fragmentação de rochas ou estruturas de forma muito eficiente (10).

Os corantes orgânicos, por outro lado, são pigmentos sintéticos utilizados para tingir têxteis, papel e plásticos. Os corantes azóicos, por exemplo, são derivados de compostos aromáticos e produzem cores brilhantes e duradouras, adequadas para têxteis e plásticos. Os corantes reactivos e os corantes dispersos são também utilizados em aplicações industriais e artísticas devido à sua intensidade e estabilidade (1).

As aplicações específicas incluem produtos de nicho, como retardadores de chama, plastificantes e antioxidantes, utilizados para melhorar a segurança e a durabilidade dos materiais em eletrónica, construção e bens de consumo.

II. Produtos farmacêuticos e biotecnologia

II.1 Importância dos produtos químicos intermédios para os medicamentos

Os produtos químicos intermédios são componentes essenciais na síntese de medicamentos. São utilizados como base para a produção de ingredientes activos, respeitando as normas de pureza e especificidade. Por exemplo, os precursores de amino e carboxilatos são utilizados para desenvolver antibióticos, analgésicos e agentes antivirais. Estes intermediários são frequentemente o resultado de reacções como a oxidação, a redução e a nitração, que transformam moléculas básicas em compostos terapêuticos complexos (2).

II.2 Inovações no domínio da química farmacêutica e da biotecnologia

As inovações no domínio da química farmacêutica estão orientadas para processos mais sustentáveis, como a catálise enzimática e a química de fluxo contínuo, que permitem a produção de medicamentos com menos resíduos e maior eficiência. A biotecnologia está também a desempenhar um papel crescente na produção de medicamentos biológicos, como os anticorpos monoclonais e as terapias genéticas, que exigem processos de produção sofisticados para manter a estabilidade e a eficácia das biomoléculas (3).

II.3 Impacto na saúde pública e nos progressos médicos

A produção de medicamentos em grande escala tem um impacto profundo na saúde pública, permitindo o tratamento de infecções, doenças crónicas e cancros. Os avanços na química farmacêutica estão a permitir o desenvolvimento de tratamentos específicos e de fórmulas melhoradas, reduzindo os efeitos secundários e aumentando a adesão dos doentes. A investigação biotecnológica está também a apoiar o desenvolvimento de vacinas e de terapias personalizadas, abrindo novas perspectivas para as doenças raras e as doenças auto-imunes (4).

III. Produtos de consumo

III.1 Plásticos, embalagens, têxteis

Os plásticos estão omnipresentes na vida quotidiana, sendo utilizados em embalagens de alimentos, brinquedos, dispositivos electrónicos e muito mais. Polímeros como o polietileno (PE), o poliestireno (PS) e o policloreto de vinilo (PVC) oferecem propriedades adaptadas às diferentes necessidades dos consumidores. Nas embalagens, as películas de plástico e as garrafas PET asseguram uma conservação óptima dos produtos e reduzem os custos de transporte graças ao seu peso reduzido (5).

Os têxteis sintéticos, como o poliéster e o nylon, são fabricados a partir de polímeros derivados da química orgânica. Estas fibras são duráveis, resistentes ao desgaste e podem ser facilmente modificadas para criar uma variedade de tecidos que satisfazem as necessidades das indústrias da moda, do mobiliário e do desporto.

III.2 Setor automóvel: combustíveis, componentes plásticos, pneus

A indústria automóvel depende da química orgânica para muitos dos seus componentes-chave. Os combustíveis como a gasolina e o gasóleo, refinados a partir do petróleo, continuam a ser as principais fontes de energia para os veículos de combustão interna. Os plásticos, como o polipropileno e o ABS, são utilizados nos painéis de instrumentos, para-choques e sistemas de ventilação devido à sua leveza e resistência ao impacto (6).

Os pneus são feitos de borracha natural e sintética reforçada com agentes de vulcanização. Estes compostos aumentam a durabilidade, a flexibilidade e a resistência dos pneus, que têm de suportar uma vasta gama de condições climáticas e uma fricção intensa.

III.3 Materiais de construção: resinas, tintas, materiais de isolamento

A química orgânica fornece materiais de construção essenciais para a durabilidade e segurança dos edifícios. As resinas epoxídicas e de poliuretano são utilizadas em pavimentos, colas e vedantes devido à sua resistência à água, a produtos químicos e a esforços mecânicos. Os isolantes, como a espuma de poliuretano e o poliestireno expandido, proporcionam um excelente isolamento térmico e acústico, contribuindo para a eficiência energética dos edifícios (7).

As tintas e revestimentos de proteção, que incluem resinas acrílicas e agentes anticorrosivos, melhoram o aspeto e a longevidade dos materiais expostos aos elementos. Estes produtos ajudam a aumentar a durabilidade das infra-estruturas, cumprindo simultaneamente as crescentes normas ambientais e de segurança.

Referências

1. Myers, R. L. (2007). *Os 100 compostos químicos mais importantes: um guia de referência*. Greenwood Publishing Group.
2. Ullmann, F., Gerhartz, W., Yamamoto, Y. S., Campbell, F. T., & Pfefferkorn, R. (1991). *Ullmann's Encyclopedia of Industrial Chemistry*. Wiley.
3. Kirk-Othmer, (2004). *Kirk-Othmer Encyclopedia of Chemical Technology*, 5ª Edição. Wiley-Interscience.
4. Gary, J. H., Handwerk, G. E., & Kaiser, M. J. (2007). *Petroleum Refining: Technology and Economics*. CRC Press.
5. McMurry, J. (2015). *Química Orgânica*, 9ª Edição. Cengage Learning.
6. Speight, J. G. (2007). *The Chemistry and Technology of Petroleum (A Química e a Tecnologia do Petróleo*). CRC Press.
7. Jones, D. S. J., & Pujadó, P. R. (2006). *Handbook of Petroleum Processing*. Springer.
8. Matar, S., & Hatch, L. F. (2000). *Chemicals: Essential Chemicals for Industrial Processes*. Gulf Professional Publishing.
9. Satterfield, C. N. (1991). *Heterogeneous Catalysis in Industrial Practice (Catálise Heterogénea na Prática Industrial*). McGraw-Hill.
10. Shreve, R. N., & Brink, J. A. (1984). *Chemical Process Industries*. McGraw-Hill.

Capítulo V: Questões ambientais e desafios para a

O quinto capítulo analisa os desafios ambientais que a indústria química orgânica enfrenta, como a poluição e a gestão de resíduos. Explora os avanços da química verde e as inovações destinadas a reduzir a pegada ecológica dos processos químicos. O capítulo também examina os regulamentos internacionais, como o REACH e as normas europeias, e o seu impacto nas práticas industriais, empurrando a indústria para práticas mais sustentáveis.

I. Poluição e gestão de resíduos

I.1 Fontes de poluição na indústria química

A indústria química é uma das maiores fontes de poluição, com descargas no ar, na água e no solo. Os processos de produção, como a síntese química, a destilação, a refinação e a utilização de catalisadores, geram vários subprodutos poluentes (1). Por exemplo, a utilização de solventes orgânicos produz compostos orgânicos voláteis (COV), que contribuem para a poluição do ar e para problemas de saúde respiratória (2). As emissões de óxidos de enxofre (SOx) e de óxidos de azoto (NOx) das unidades de combustão conduzem a chuvas ácidas, que afectam os ecossistemas terrestres e aquáticos. Além disso, os metais pesados e os produtos químicos tóxicos contidos nos efluentes industriais poluem os cursos de água, perturbando a vida aquática (3) e apresentando riscos para a saúde humana quando esta água contaminada chega às redes de abastecimento (4).

I.2 Tratamento de resíduos e redução de emissões

Para contrariar estes efeitos, as indústrias químicas estão a adotar tecnologias de tratamento e redução de resíduos (5). Os sistemas de filtração e os depuradores removem as partículas sólidas e os gases poluentes do ar, enquanto as unidades de biodegradação e de tratamento químico das águas residuais tratam os efluentes líquidos para minimizar a sua toxicidade antes da descarga (6). Em termos de gestão de resíduos sólidos, a reciclagem de subprodutos químicos reduz a necessidade de novas matérias-primas e diminui a quantidade de resíduos enviados para aterros. São também implementados processos de recuperação de solventes, permitindo a reutilização de solventes dispendiosos e limitando as emissões de COV. Para dar um passo em frente, algumas instalações incluem unidades de valorização energética de resíduos, convertendo os subprodutos em calor ou eletricidade (7).

I.3 Poluição do ar, da água e do solo

A poluição atmosférica provocada pelas emissões de COV, SOx e NOx causa problemas de saúde, incluindo doenças respiratórias e cardiovasculares, e contribui para o aquecimento global (8). Na água, os produtos químicos industriais perturbam os ecossistemas aquáticos, reduzem a biodiversidade e contaminam as águas subterrâneas (9). Os metais pesados e os compostos orgânicos persistentes nos solos reduzem a sua fertilidade e podem acumular-se nas plantas, afectando a cadeia alimentar. As técnicas de recuperação dos solos, como a fitorremediação (utilização de plantas para absorver os contaminantes) e a bioaumentação (adição de microrganismos para decompor os poluentes), têm por objetivo recuperar os solos contaminados. No entanto, estas técnicas requerem tempo e recursos consideráveis, o que constitui um grande desafio para as indústrias químicas e os governos (10).

II. Transição ecológica e química verde

II.1 Avanços nas tecnologias limpas e sustentáveis

A transição para tecnologias sustentáveis é uma das prioridades da indústria química moderna (11). A catálise enzimática, que utiliza enzimas naturais para efetuar transformações químicas, permite produzir compostos complexos com baixo consumo de energia e poucos resíduos (12). Entretanto, as tecnologias de síntese de fluxo contínuo estão a tornar-se cada vez mais comuns, permitindo a produção de compostos químicos de forma controlada, utilizando menos reagentes e menos energia. A química dos materiais também desenvolveu métodos de reciclagem química para transformar os plásticos em monómeros que podem ser utilizados em novos ciclos de produção, reduzindo assim a dependência de matérias-primas fósseis e a acumulação de resíduos plásticos.

II.2 Utilização de matérias-primas renováveis

A química verde centra-se na utilização de recursos renováveis, como a biomassa, para produzir materiais e produtos químicos respeitadores do ambiente (13). Os óleos vegetais são utilizados para produzir bioplásticos e lubrificantes, enquanto os resíduos de madeira, como a celulose e a lenhina, são utilizados para fabricar polímeros biodegradáveis e aditivos industriais. Os projectos de investigação estão a desenvolver biocombustíveis de segunda geração, derivados de fontes não alimentares, como os resíduos agrícolas e as algas, para evitar a concorrência com as culturas alimentares. Esta abordagem limita as emissões de gases com efeito de estufa e incentiva uma utilização mais sustentável dos recursos naturais.

II.3 Exemplos de processos respeitadores do ambiente

Processos como a biocatálise e a síntese em fase aquosa são exemplos de métodos respeitadores do ambiente (14). A biocatálise utiliza enzimas para catalisar reacções específicas, minimizando a utilização de solventes tóxicos e de resíduos. A síntese em fase aquosa, que substitui os solventes orgânicos por água, reduz os riscos de poluição e os custos de tratamento dos resíduos. A microencapsulação, que consiste em envolver substâncias activas em cápsulas biodegradáveis, permite uma libertação controlada e reduz as quantidades aplicadas, minimizando o impacto no ambiente. Estes processos demonstram que é possível integrar soluções ecológicas e económicas nas cadeias de produção industrial.

III. Regulamentação e normas ambientais

III.1 Regulamentação internacional: REACH, normas europeias

Os regulamentos internacionais, como o REACH (Registration, Evaluation, Authorisation and Restriction of Chemicals) na Europa, exigem que as empresas avaliem e controlem os riscos associados às substâncias químicas que produzem (15). O REACH exige que as empresas forneçam dados de segurança para cada substância e proíbe a utilização de certas substâncias consideradas perigosas para a saúde humana e o ambiente. Além disso, as normas da Agência Europeia dos Produtos Químicos (ECHA) restringem a utilização de certas substâncias tóxicas, como os desreguladores endócrinos, incentivando assim o desenvolvimento de alternativas mais seguras. Estes regulamentos têm como objetivo proteger o ambiente e os consumidores, tornando os produtores de produtos químicos mais responsáveis.

III.2 Impacto das políticas ambientais na indústria

As políticas ambientais influenciam diretamente as escolhas tecnológicas e os modelos de negócio das empresas químicas (16). Os incentivos e subsídios fiscais apoiam projectos que incorporam tecnologias verdes, enquanto os impostos sobre as emissões de CO_2 e as quotas de poluição encorajam as empresas a adotar processos de produção mais limpos. As obrigações de rastreabilidade e transparência, nomeadamente através de relatórios de sustentabilidade, permitem aos consumidores e investidores avaliar os impactos ambientais das empresas, favorecendo aquelas que estão ativamente empenhadas em reduzir a sua pegada ecológica. Esta tendência está a levar cada vez mais empresas a investir em soluções sustentáveis e a adotar práticas em conformidade com os Objectivos de Desenvolvimento Sustentável (ODS).

III.3 Requisitos de sustentabilidade para as empresas

As empresas são agora obrigadas a cumprir requisitos rigorosos em matéria de sustentabilidade, com objectivos de redução das emissões de gases com efeito de estufa, reciclagem de resíduos e melhoria da eficiência energética (17). As certificações

ISO, como a ISO 14001 para a gestão ambiental, atestam os esforços das empresas para minimizar o seu impacto no ambiente. Os relatórios de sustentabilidade, exigidos por muitos governos e instituições financeiras, descrevem em pormenor as medidas tomadas para reduzir a pegada de carbono, limitar os resíduos e promover a economia circular. Estes requisitos reforçam o empenho das empresas na adoção de práticas sustentáveis, que se estão a tornar critérios essenciais para as parcerias comerciais, o acesso ao mercado e a competitividade global. Os consumidores, cada vez mais preocupados com o impacto ambiental dos produtos que compram, privilegiam as empresas que respeitam o ambiente, incentivando assim toda a indústria a adotar modelos mais responsáveis.

Referências

1. Freeman, H. M. (1988). *Standard Handbook of Hazardous Waste Treatment and Disposal (Manual Padrão de Tratamento e Eliminação de Resíduos Perigosos)*. McGraw-Hill.
2. Manahan, S. E. (2010). *Environmental Chemistry*. CRC Press.
3. Harrison, R. M., & Hester, R. E. (2002). *Air Pollution and Health (Poluição do Ar e Saúde)*. Royal Society of Chemistry.
4. Alloway, B. J., & Ayres, D. C. (1997). *Chemical Principles of Environmental Pollution (Princípios químicos da poluição ambiental)*. Blackie Academic & Professional.
5. Baird, C., & Cann, M. (2012). *Environmental Chemistry*. W.H. Freeman.
6. Tchobanoglous, G., Theisen, H., & Vigil, S. (1993). *Integrated Solid Waste Management: Engineering Principles and Management Issues (Gestão Integrada de Resíduos Sólidos: Princípios de Engenharia e Questões de Gestão)*. McGraw-Hill.
7. Clarke, M. J. (1993). *Waste Minimization for Environmental Protection*. Butterworth-Heinemann.
8. Seinfeld, J. H., & Pandis, S. N. (2006). *Atmospheric Chemistry and Physics: From Air Pollution to Climate Change*. John Wiley & Sons.
9. Connell, D. W., & Miller, G. J. (1984). *Chemistry and Ecotoxicology of Pollution (Química e Ecotoxicologia da Poluição)*. John Wiley & Sons.
10. Cunningham, S. D., & Berti, W. R. (1993). *Phytoremediation of Contaminated Soils (Fitorremediação de solos contaminados)*. Ciência e Tecnologia Ambiental.
11. Sheldon, R. A., Arends, I., & Hanefeld, U. (2007). *Green Chemistry and Catalysis*. Wiley-VCH.
12. Anastas, P. T., & Warner, J. C. (1998). *Green Chemistry: Theory and Practice*. Oxford University Press.
13. Clark, J. H., & Deswarte, F. E. I. (2015). *Introdução aos produtos químicos da biomassa*. John Wiley & Sons.
14. Hudlicky, T., & Reed, J. W. (2007). *Green Organic Chemistry and its Interdisciplinary Applications (Química Orgânica Verde e suas Aplicações Interdisciplinares)*. CRC Press.
15. Agência Europeia dos Produtos Químicos (ECHA). (2007). *Guia de orientação sobre requisitos de informação e avaliação da segurança química*.

16. Porter, M. E., & van der Linde, C. (1995). "Toward a New Conception of the Environment-Competitiveness Relationship" [Para uma nova conceção da relação ambiente-competitividade]. *Journal of Economic Perspectives*, 9(4), 97-118.

17. ISO (2015). *Sistemas de gestão ambiental ISO 14001: requisitos com orientação para uso.*

Capítulo VI:
Perspectivas e inovações na indústria química

Este último capítulo centra-se nas inovações tecnológicas e nas perspectivas futuras para a indústria. Aborda os novos materiais, as nanotecnologias e a integração da inteligência artificial para otimizar os processos. O capítulo também explora a reciclagem química, a recuperação de resíduos e os princípios da economia circular, ilustrando a forma como a indústria química está a evoluir para enfrentar os desafios económicos e ambientais do futuro.

I. Inovação em materiais e nanotecnologias

I.1 Novos materiais e polímeros inteligentes

Os novos materiais desenvolvidos em química orgânica oferecem funcionalidades avançadas, transformando sectores como a saúde, a eletrónica e os transportes (1). Entre estas inovações, **os polímeros com memória de forma** podem ser programados para mudar de forma sob o efeito de estímulos externos, como a temperatura, o pH ou a luz (2). Utilizados em dispositivos médicos, podem ser usados para fabricar stents que se alargam nos vasos sanguíneos ou ortóteses que se adaptam aos movimentos do corpo, aumentando o conforto e a segurança dos doentes.

Os materiais auto-reparadores são outro domínio promissor: capazes de restaurar as suas propriedades mecânicas após uma fissura, prolongam a vida dos produtos, o que é particularmente vantajoso para as infra-estruturas e os revestimentos automóveis e aeronáuticos (3). Por exemplo, os polímeros dopados com cápsulas de resina líquida reparam-se a si próprios quando danificados, eliminando a necessidade de manutenção frequente e reduzindo os custos a longo prazo.

Os polímeros biodegradáveis, como o PLA (ácido poliláctico) e o PHA (polihidroxialcanoato), estão a ser cada vez mais utilizados para substituir os plásticos convencionais em embalagens, utensílios descartáveis e até dispositivos médicos. Concebidos para se degradarem naturalmente em ambientes industriais de compostagem, respondem às preocupações crescentes com a poluição causada pelos plásticos e facilitam a transição para uma economia circular (4).

I.2 Nanotecnologias e aplicações em medicina e eletrónica

As nanotecnologias permitem a criação de materiais com propriedades únicas à escala nanométrica, em que a área de superfície específica e a reatividade são maximizadas (5). Na medicina, **as nanopartículas** oferecem soluções para tratamentos direcionados (6), em que os medicamentos encapsulados em nanopartículas são dirigidos especificamente para as células doentes, aumentando a eficácia e reduzindo os efeitos secundários (7). Esta abordagem é particularmente útil em oncologia, onde as nanopartículas carregadas com fármacos anticancerígenos se acumulam nas células tumorais, melhorando a precisão dos tratamentos (8).

Na eletrónica, **os nanotubos de carbono** e **os pontos quânticos** representam avanços significativos. Os nanotubos de carbono, por exemplo, são 100 vezes mais resistentes do que o aço, mas muito mais leves, o que os torna inestimáveis para componentes de alto desempenho em dispositivos electrónicos e materiais condutores. Os pontos quânticos, nanocristais semicondutores, podem ser utilizados para produzir ecrãs brilhantes e coloridos com baixo consumo de energia, utilizados em ecrãs de televisão e dispositivos portáteis. Estes progressos da nanotecnologia abrem também perspectivas no domínio das tecnologias energéticas, nomeadamente no que se refere às células solares de nova geração e às baterias mais eficientes.

II. Inteligência Artificial e Transformação Digital

II.1 Utilizar a IA para otimizar os processos industriais

A inteligência artificial (IA) está a transformar os processos de fabrico na indústria química, optimizando o consumo de recursos, melhorando a segurança e aumentando a eficiência (9). Os algoritmos de aprendizagem automática estão a ser utilizados para prever e evitar falhas nos equipamentos através de sistemas **de manutenção preditiva** (10). Ao analisar os dados dos sensores em tempo real, a IA pode identificar sinais de alerta precoce de potenciais avarias, reduzindo as interrupções da produção e os custos associados a reparações não programadas.

As tecnologias de controlo automatizado, combinadas com a IA, permitem também otimizar os parâmetros de reação química (temperatura, pressão, concentração) em tempo real, garantindo **uma produção eficiente e com poupança de energia** (11). Em processos complexos, a IA ajusta as dosagens e o fluxo de matérias-primas para maximizar o rendimento e minimizar os resíduos, reduzindo assim o impacto ambiental da indústria.

II.2 Grandes volumes de dados e simulação molecular em I&D

Os megadados e as simulações moleculares assistidas por IA estão a acelerar a investigação e o desenvolvimento de novos produtos químicos e materiais (12). As bases de dados maciças que contêm informações sobre propriedades químicas e interações moleculares permitem aos investigadores **modelar reacções químicas complexas** sem terem de realizar experiências laboratoriais, reduzindo assim os custos e o tempo. O software de simulação molecular, utilizado para conceber medicamentos ou testar novos polímeros, prevê o comportamento das moléculas em diferentes condições, oferecendo uma alternativa eficaz aos testes empíricos.

Na química farmacêutica, as técnicas **de aprendizagem automática** analisam milhares de compostos para identificar os que têm potencial para se tornarem ingredientes activos, acelerando o processo de descoberta de medicamentos (13). Ao mesmo tempo, as simulações moleculares podem ser utilizadas para otimizar formulações e melhorar as propriedades dos materiais para aplicações industriais específicas (14). Por exemplo, as empresas químicas podem utilizar a simulação para conceber polímeros mais resistentes a condições extremas ou catalisadores mais eficientes para reacções de produção.

III. Desenvolvimento sustentável e economia circular

III.1 Reciclagem de produtos químicos e valorização de resíduos

A reciclagem química é uma inovação fundamental para reduzir o impacto ambiental dos resíduos plásticos e de outros materiais difíceis de reciclar mecanicamente (15). Os processos **de despolimerização** transformam os polímeros nos seus monómeros originais, que podem ser reutilizados para produzir novos materiais sem degradação da qualidade. A pirólise, um método de reciclagem térmica, decompõe os resíduos de plástico em hidrocarbonetos básicos, que podem ser reintegrados na cadeia de produção para fabricar plástico virgem ou combustíveis alternativos (16).

III.2 Exemplo de economia circular na indústria química

A economia circular na indústria química tem como objetivo a reutilização de recursos, maximizando o seu ciclo de vida e minimizando os resíduos (17). Por exemplo, alguns fabricantes de plásticos estão a incorporar resíduos de produção nos seus processos de fabrico, utilizando os resíduos como matéria-prima secundária. Graças à química dos materiais, a indústria da embalagem alimentar está a desenvolver películas biodegradáveis e bioplásticos capazes de se degradarem naturalmente, limitando assim o seu impacto ambiental.

Além disso, a indústria química está a trabalhar na **captura e reutilização do CO_2** emitido durante os processos de produção (18). O CO_2 recuperado pode ser transformado em metanol, que é depois utilizado como combustível, ou incorporado em plásticos e polímeros, ajudando assim a reduzir a pegada de carbono. Algumas instalações químicas também capturam subprodutos gasosos para utilização em processos internos ou para revenda como produtos químicos de base, reforçando a ideia de uma economia circular em que nada se perde e tudo se transforma.

Estas inovações fazem parte de um modelo **de produção sustentável**, em que as empresas não se contentam apenas em reduzir as emissões e os resíduos, mas procuram também criar valor a partir dos subprodutos (19). A integração da economia circular nas estratégias industriais reflecte uma mudança profunda na forma como a indústria química encara o seu papel, passando de uma abordagem de produção linear para uma gestão circular dos recursos.

Referências

1. Ratner, B., Hoffman, A., Schoen, F., & Lemons, J. E. (2013). *Ciência dos Biomateriais: Uma Introdução aos Materiais em Medicina*. Academic Press.

2. Otsuka, H., Nagano, S., & Higaki, Y. (2011). *Smart Polymers for Biomedical Applications (Polímeros inteligentes para aplicações biomédicas)*. Springer.

3. Hayes, S. A., & Seferis, J. C. (2001). "Materiais compósitos auto-regenerativos". *Progress in Polymer Science*, 26(6), 933-957.

4. Ray, S. S., & Bousmina, M. (2005). *Biodegradable Polymers and Their Emerging Applications (Polímeros biodegradáveis e suas aplicações emergentes)*. Taylor & Francis.

5. Ratner, M. A., & Ratner, D. (2003). *Nanotechnology: A Gentle Introduction to the Next Big Idea*. Prentice Hall.

6. Duncan, R. (2006). "Terapêutica de polímeros como nanomedicamentos: novas perspectivas". *Journal of Controlled Release*, 114(2), 91-108.

7. Ajayan, P. M., & Tour, J. M. (2007). "Super fibras de nanotubos". *Nature*, 447(7148), 1066-1068.

8. Smith, A. M., & Nie, S. (2010). "Nanocristais Semicondutores: Estrutura, Propriedades e Engenharia de Band Gap". *Journal of Physical Chemistry B*, 104(14), 2794-2801.

9. Lee, J., Bagheri, B., & Kao, H.-A. (2015). "Uma arquitetura de sistemas ciber-físicos para sistemas de fabrico baseados na indústria 4.0". *Manufacturing Letters*, 3(1), 18-23.

10. Carvalho, T. P., et al. (2019). "Uma revisão sistemática da literatura sobre métodos de aprendizado de máquina aplicados à manutenção preditiva". *Computers & Industrial Engineering*, 137, 106024.

11. Wan, J., et al. (2016). "Internet das coisas industrial definida por software no contexto da indústria 4.0". *IEEE Sensors Journal*, 16(20), 7373-7380.

12. Cummings, L., & DeVore, D. (2005). *Big Data Analytics for Chemists*. Springer.

13. Leach, A. R., & Gillet, V. J. (2007). *An Introduction to Chemoinformatics*. Springer.

14. Schneider, G., & Fechner, U. (2005). "Desenho de novo de moléculas semelhantes a fármacos baseado em computador". *Nature Reviews Drug Discovery*, 4(8), 649-663.

15. Rahimi, A., & García, J. M. (2017). "Reciclagem química de resíduos plásticos para a produção de novos materiais". *Nature Reviews Chemistry*, 1(6), 1-11.

16. Christy, P., & Ramakrishna, S. (2016). *Digestão anaeróbia para tratamento de resíduos e produção de energia*. Elsevier.

17. Geissdoerfer, M., et al. (2017). "A Economia Circular - Um novo paradigma de sustentabilidade?". *Journal of Cleaner Production*, 143, 757-768.

18. Olah, G. A., Goeppert, A., & Prakash, G. K. S. (2006). *Beyond Oil and Gas: The Methanol Economy (Para além do petróleo e do gás: a economia do metanol)*. Wiley-VCH.

19. Fundação Ellen MacArthur. (2013). *Rumo à Economia Circular*.

MIX
Papier aus verantwortungsvollen Quellen
Paper from responsible sources
FSC® C105338

Printed by Books on Demand GmbH, Norderstedt / Germany